信息工程专业"十三五"规划教材

电路与电子技术实验教程

主　编　魏　鉴　朱卫霞
副主编　万家佑　程开固　胡西林

武汉大学出版社

图书在版编目(CIP)数据

电路与电子技术实验教程/魏鉴,朱卫霞主编.—武汉:武汉大学出版社,2017.8
信息工程专业"十三五"规划教材
ISBN 978-7-307-19459-5

Ⅰ.电… Ⅱ.①魏… ②朱… Ⅲ.①电路—实验—高等学校—教材 ②电子技术—实验—高等学校—教材 Ⅳ.①TM13-33 ②TN-33

中国版本图书馆 CIP 数据核字(2017)第 163008 号

责任编辑:林 莉　　责任校对:汪欣怡　　版式设计:马 佳

出版发行：武汉大学出版社　　(430072　武昌　珞珈山)
（电子邮件：cbs22@whu.edu.cn　网址：www.wdp.com.cn）
印刷：湖北民政印刷厂
开本：787×1092　1/16　印张：14.5　字数：359 千字　插页：1
版次：2017 年 8 月第 1 版　　2017 年 8 月第 1 次印刷
ISBN 978-7-307-19459-5　　定价：35.00 元

版权所有,不得翻印;凡购我社的图书,如有质量问题,请与当地图书销售部门联系调换

前　　言

　　电路与电子技术实验是高等学校理工科类专业实践教学环节的一个重要组成部分。学习这门课程，旨在将学生已学的电路与电子技术理论知识与实际有机地结合起来，加深学生对已学课程的理解，逐步培养和提高学生独立工作以及分析、解决实际问题的能力，并为学习后续专业课程和今后从事相关工作打好基础。通过本实验课程的学习，使得学生具有科学实验的动手能力，培养学生一丝不苟、严谨求实的科学研究作风。

　　本书以加强基本训练、加强各种电路分析与应用、加强工程实践能力的培养、反映本学科的发展水平为指导思想，根据教学大纲的要求，结合编者多年来的教学实践经验编写而成。

　　本书以电路与电子技术教学的基本要求为依据，编写了相关实验基础知识。全书共分为4章，第1章为电路与电子技术实验基础知识，介绍了实验操作规程、注意事项、数据处理及相关常用仪器仪表的使用方法等基础知识。第2章为电路原理实验，共编写了19个实验项目。第3章为模拟电子实验，编写了13个实验项目。第4章为数字电子实验，编写了16个实验项目。实验项目略多于基本要求所规定的内容，以满足各专业不同的教学需要。使用本书的老师可以根据不同专业的教学要求、设备条件和学生水平等实际情况，选做相应的实验项目。

　　本书由武昌理工学院魏鉴、朱卫霞老师共同编写，第1、2章由魏鉴编写，第3、4章由朱卫霞编写，万家佑、程开固、胡西林老师对本书进行了详细的讨论和校正。在本书的编写过程中，武昌理工学院信息工程学院魏绍炎院长给予了大力支持和鼓励，在此表示衷心的感谢。

　　由于编者学识水平有限，书中难免会有一些错误和不足之处，恳请读者对本书的错误和不足之处提出宝贵的意见。

编　者
2017年2月

目 录

第1章 实验基础知识 ··· 1
1.1 电工电子实验技术须知 ··· 1
1.1.1 电工电子实验技术的目的 ··· 1
1.1.2 电工电子实验技术的要求 ··· 1
1.1.3 实验故障分析与处理 ··· 2
1.2 电工电子实验测量方法 ··· 3
1.2.1 测量的内容 ··· 3
1.2.2 测量的方法 ··· 3
1.2.3 测量方法和测量仪器的选择 ·· 4
1.3 误差分析及测量结果的处理 ··· 4
1.3.1 误差的来源与分类 ·· 4
1.3.2 误差的表示方法 ··· 5
1.3.3 测量结果的处理 ··· 6
1.3.4 仪器阻抗对测量的影响 ·· 9
1.4 电路中的接地 ··· 10
1.4.1 接地的含义 ··· 10
1.4.2 实验中与接地有关的几个问题 ··· 12
1.5 常用仪器仪表使用说明 ··· 14
1.5.1 胜利 VC890C+数字万用表 ·· 14
1.5.2 D26-W 瓦特表 ··· 17
1.5.3 ZX21 型直流电阻箱 ·· 19
1.5.4 中策 DF1930A 数字交流毫伏表 ··· 20
1.5.5 中策 DF1641B1 函数信号发生器 ··· 22
1.5.6 中策 DF1731SLL3A 直流稳压电源 ·· 22
1.5.7 普源 DS1052E 数字示波器 ··· 26

第2章 电路原理实验 ·· 34
2.1 基本电工仪表的使用与测量误差的计算 ·· 34
2.1.1 实验目的 ·· 34
2.1.2 实验预习思考题 ··· 34
2.1.3 实验原理 ·· 34
2.1.4 实验设备 ·· 36

2.1.5　实验内容 …………………………………………………………………… 37
　　2.1.6　实验注意事项 ……………………………………………………………… 37
　　2.1.7　实验报告 …………………………………………………………………… 38
2.2　电路元件伏安特性的测绘 …………………………………………………………… 38
　　2.2.1　实验目的 …………………………………………………………………… 38
　　2.2.2　实验预习要求 ………………………………………………………………… 38
　　2.2.3　实验原理 …………………………………………………………………… 38
　　2.2.4　实验设备 …………………………………………………………………… 39
　　2.2.5　实验内容与步骤 ……………………………………………………………… 39
　　2.2.6　实验注意事项 ………………………………………………………………… 42
　　2.2.7　实验报告 …………………………………………………………………… 42
2.3　电位、电压的测定及电路电位图的绘制 ……………………………………………… 42
　　2.3.1　实验目的 …………………………………………………………………… 42
　　2.3.2　实验预习思考题 ……………………………………………………………… 43
　　2.3.3　实验原理 …………………………………………………………………… 43
　　2.3.4　实验设备 …………………………………………………………………… 43
　　2.3.5　实验内容 …………………………………………………………………… 44
　　2.3.6　实验注意事项 ………………………………………………………………… 44
　　2.3.7　实验报告 …………………………………………………………………… 44
2.4　基尔霍夫定律的验证 ………………………………………………………………… 45
　　2.4.1　实验目的 …………………………………………………………………… 45
　　2.4.2　实验预习思考题 ……………………………………………………………… 45
　　2.4.3　实验原理 …………………………………………………………………… 45
　　2.4.4　实验设备 …………………………………………………………………… 45
　　2.4.5　实验内容 …………………………………………………………………… 46
　　2.4.6　实验注意事项 ………………………………………………………………… 46
　　2.4.7　实验报告 …………………………………………………………………… 46
2.5　叠加原理的验证 ……………………………………………………………………… 47
　　2.5.1　实验目的 …………………………………………………………………… 47
　　2.5.2　实验预习思考题 ……………………………………………………………… 47
　　2.5.3　实验原理 …………………………………………………………………… 47
　　2.5.4　实验设备 …………………………………………………………………… 48
　　2.5.5　实验内容与步骤 ……………………………………………………………… 48
　　2.5.6　实验注意事项 ………………………………………………………………… 49
　　2.5.7　实验报告 …………………………………………………………………… 49
2.6　电压源与电流源的等效变换 ………………………………………………………… 49
　　2.6.1　实验目的 …………………………………………………………………… 49
　　2.6.2　实验预习思考题 ……………………………………………………………… 49
　　2.6.3　实验原理 …………………………………………………………………… 50
　　2.6.4　实验设备 …………………………………………………………………… 50

2.6.5	实验内容	51
2.6.6	实验注意事项	51
2.6.7	实验报告	52

2.7 戴维宁定理的验证 ... 52
- 2.7.1 实验目的 ... 52
- 2.7.2 实验预习思考题 ... 52
- 2.7.3 实验原理 ... 52
- 2.7.4 实验设备 ... 54
- 2.7.5 实验内容与步骤 ... 54
- 2.7.6 实验注意事项 ... 55
- 2.7.7 实验报告 ... 55

2.8 受控源实验研究 ... 56
- 2.8.1 实验目的 ... 56
- 2.8.2 实验预习思考题 ... 56
- 2.8.3 实验原理 ... 56
- 2.8.4 实验设备 ... 59
- 2.8.5 实验内容与步骤 ... 59
- 2.8.6 实验注意事项 ... 60
- 2.8.7 实验报告 ... 60

2.9 RL 串联电路及功率因数的提高 ... 61
- 2.9.1 实验目的 ... 61
- 2.9.2 实验预习思考题 ... 61
- 2.9.3 实验原理 ... 61
- 2.9.4 实验设备 ... 63
- 2.9.5 实验内容与步骤 ... 64
- 2.9.6 实验报告 ... 64

2.10 RC 电路的过渡过程及其应用的实验 ... 64
- 2.10.1 实验目的 ... 64
- 2.10.2 实验预习思考题 ... 65
- 2.10.3 实验原理 ... 65
- 2.10.4 实验设备 ... 66
- 2.10.5 实验内容与步骤 ... 67
- 2.10.6 实验注意事项 ... 68
- 2.10.7 实验报告 ... 69

2.11 二阶动态电路响应的研究 ... 69
- 2.11.1 实验目的 ... 69
- 2.11.2 实验预习思考题 ... 69
- 2.11.3 实验原理 ... 69
- 2.11.4 实验设备 ... 69
- 2.11.5 实验内容 ... 70

2.11.6 实验注意事项	70

2.11.7 实验报告 … 71

2.12 RLC 串联电路的频率特性及谐振现象 … 71
2.12.1 实验目的 … 71
2.12.2 实验预习思考题 … 71
2.12.3 实验原理 … 71
2.12.4 实验设备 … 73
2.12.5 实验内容与步骤 … 73
2.12.6 实验注意事项 … 75
2.12.7 实验报告 … 75

2.13 RC 选频网络特性测试 … 75
2.13.1 实验目的 … 75
2.13.2 实验预习思考题 … 76
2.13.3 实验原理 … 76
2.13.4 实验设备 … 77
2.13.5 实验内容与步骤 … 77
2.13.6 实验注意事项 … 78
2.13.7 实验报告 … 78

2.14 双口网络测试 … 79
2.14.1 实验目的 … 79
2.14.2 实验预习思考题 … 79
2.14.3 实验原理 … 79
2.14.4 实验设备 … 80
2.14.5 实验内容 … 81
2.14.6 实验注意事项 … 82
2.14.7 实验报告 … 82

2.15 互感电路测量 … 82
2.15.1 实验目的 … 82
2.15.2 实验预习思考题 … 82
2.15.3 实验原理 … 82
2.15.4 实验设备 … 84
2.15.5 实验内容 … 84
2.15.6 实验注意事项 … 85
2.15.7 实验报告 … 86

2.16 单相铁心变压器特性的测试 … 86
2.16.1 实验目的 … 86
2.16.2 实验预习思考题 … 86
2.16.3 实验原理 … 86
2.16.4 实验设备 … 87
2.16.5 实验内容 … 87

2.16.6　实验注意事项 ……………………………………………………… 88
　　2.16.7　实验报告 …………………………………………………………… 88
2.17　三相电路功率的测量 …………………………………………………………… 88
　　2.17.1　实验目的 …………………………………………………………… 88
　　2.17.2　实验预习思考题 ……………………………………………………… 88
　　2.17.3　实验原理 …………………………………………………………… 88
　　2.17.4　实验设备 …………………………………………………………… 90
　　2.17.5　实验内容 …………………………………………………………… 90
　　2.17.6　实验注意事项 ……………………………………………………… 92
　　2.17.7　实验报告 …………………………………………………………… 93
2.18　三相鼠笼式异步电动机点动和自锁控制 ………………………………………… 93
　　2.18.1　实验目的 …………………………………………………………… 93
　　2.18.2　实验预习思考题 ……………………………………………………… 93
　　2.18.3　实验原理 …………………………………………………………… 93
　　2.18.4　实验设备 …………………………………………………………… 94
　　2.18.5　实验内容 …………………………………………………………… 94
　　2.18.6　实验注意事项 ……………………………………………………… 96
　　2.18.7　实验报告 …………………………………………………………… 96
2.19　三相鼠笼式异步电动机正反转控制 ……………………………………………… 97
　　2.19.1　实验目的 …………………………………………………………… 97
　　2.19.2　实验预习思考题 ……………………………………………………… 97
　　2.19.3　实验原理 …………………………………………………………… 97
　　2.19.4　实验设备 …………………………………………………………… 97
　　2.19.5　实验内容 …………………………………………………………… 98
　　2.19.6　故障分析 …………………………………………………………… 100
　　2.19.7　实验报告 …………………………………………………………… 100

第3章　模拟电子实验

3.1　晶体管特性鉴别和测试 …………………………………………………………… 101
　　3.1.1　实验目的 ……………………………………………………………… 101
　　3.1.2　实验预习要求 ………………………………………………………… 101
　　3.1.3　实验原理 ……………………………………………………………… 101
　　3.1.4　实验仪器设备 ………………………………………………………… 104
　　3.1.5　实验内容与步骤 ……………………………………………………… 104
　　3.1.6　注意事项 ……………………………………………………………… 105
　　3.1.7　实验报告 ……………………………………………………………… 105
3.2　单管交流放大电路 ………………………………………………………………… 105
　　3.2.1　实验目的 ……………………………………………………………… 105
　　3.2.2　预习思考 ……………………………………………………………… 106
　　3.2.3　实验原理 ……………………………………………………………… 106

3.2.4 实验仪器设备 …………………………………………………………… 108
   3.2.5 实验内容与步骤 ………………………………………………………… 109
   3.2.6 注意事项 ………………………………………………………………… 110
   3.2.7 实验报告要求 …………………………………………………………… 110
3.3 射极输出器 …………………………………………………………………… 110
   3.3.1 实验目的 ………………………………………………………………… 110
   3.3.2 实验预习要求 …………………………………………………………… 110
   3.3.3 实验原理 ………………………………………………………………… 111
   3.3.4 实验仪器设备 …………………………………………………………… 112
   3.3.5 实验内容与步骤 ………………………………………………………… 112
   3.3.6 注意事项 ………………………………………………………………… 114
   3.3.7 实验报告 ………………………………………………………………… 114
3.4 差动放大电路 ………………………………………………………………… 114
   3.4.1 实验目的 ………………………………………………………………… 114
   3.4.2 实验预习要求 …………………………………………………………… 114
   3.4.3 实验原理 ………………………………………………………………… 114
   3.4.4 实验仪器设备 …………………………………………………………… 116
   3.4.5 实验内容与步骤 ………………………………………………………… 116
   3.4.6 注意事项 ………………………………………………………………… 117
   3.4.7 实验报告要求 …………………………………………………………… 117
3.5 场效应管放大电路 …………………………………………………………… 117
   3.5.1 实验目的 ………………………………………………………………… 117
   3.5.2 预习要求 ………………………………………………………………… 117
   3.5.3 实验原理 ………………………………………………………………… 117
   3.5.4 实验仪器设备 …………………………………………………………… 119
   3.5.5 实验内容与步骤 ………………………………………………………… 119
   3.5.6 实验报告要求 …………………………………………………………… 120
3.6 负反馈放大电路 ……………………………………………………………… 120
   3.6.1 实验目的 ………………………………………………………………… 120
   3.6.2 预习思考 ………………………………………………………………… 121
   3.6.3 实验原理 ………………………………………………………………… 121
   3.6.4 实验仪器设备 …………………………………………………………… 123
   3.6.5 实验内容与步骤 ………………………………………………………… 123
   3.6.6 注意事项 ………………………………………………………………… 124
   3.6.7 实验报告要求 …………………………………………………………… 124
3.7 集成运算放大器 ……………………………………………………………… 124
   3.7.1 实验目的 ………………………………………………………………… 124
   3.7.2 预习思考 ………………………………………………………………… 124
   3.7.3 实验原理 ………………………………………………………………… 125
   3.7.4 实验仪器设备 …………………………………………………………… 126

3.7.5　实验内容与步骤 …………………………………………………… 127
　　3.7.6　注意事项 ………………………………………………………… 127
　　3.7.7　实验报告要求 ……………………………………………………… 128
3.8　RC 振荡电路 …………………………………………………………… 128
　　3.8.1　实验目的 …………………………………………………………… 128
　　3.8.2　预习思考 …………………………………………………………… 128
　　3.8.3　实验原理 …………………………………………………………… 128
　　3.8.4　实验仪器设备 ……………………………………………………… 129
　　3.8.5　实验内容与步骤 …………………………………………………… 129
　　3.8.6　注意事项 …………………………………………………………… 130
　　3.8.7　实验报告要求 ……………………………………………………… 130
3.9　LC 正弦波振荡器 ……………………………………………………… 130
　　3.9.1　实验目的 …………………………………………………………… 130
　　3.9.2　实验预习要求 ……………………………………………………… 130
　　3.9.3　实验原理 …………………………………………………………… 130
　　3.9.4　实验仪器设备 ……………………………………………………… 131
　　3.9.5　实验内容及步骤 …………………………………………………… 131
　　3.9.6　实验报告要求 ……………………………………………………… 132
3.10　OTL 互补对称功率放大电路 ………………………………………… 133
　　3.10.1　实验目的 ………………………………………………………… 133
　　3.10.2　预习要求 ………………………………………………………… 133
　　3.10.3　实验原理 ………………………………………………………… 133
　　3.10.4　实验仪器设备 …………………………………………………… 134
　　3.10.5　实验内容与步骤 ………………………………………………… 134
　　3.10.6　注意事项 ………………………………………………………… 135
　　3.10.7　实验报告要求 …………………………………………………… 135
3.11　集成电路(压控振荡器)构成的频率调制器 ………………………… 136
　　3.11.1　实验目的 ………………………………………………………… 136
　　3.11.2　预习要求 ………………………………………………………… 136
　　3.11.3　实验原理 ………………………………………………………… 136
　　3.11.4　实验仪器设备 …………………………………………………… 137
　　3.11.5　实验内容及步骤 ………………………………………………… 137
　　3.11.6　实验报告要求 …………………………………………………… 138
3.12　集成直流稳压电源 …………………………………………………… 139
　　3.12.1　实验目的 ………………………………………………………… 139
　　3.12.2　实验预习思考题 ………………………………………………… 139
　　3.12.3　实验原理 ………………………………………………………… 139
　　3.12.4　实验仪器设备 …………………………………………………… 141
　　3.12.5　实验内容与步骤 ………………………………………………… 142
　　3.12.6　注意事项 ………………………………………………………… 143

3.12.7　实验报告要求 ··· 143
3.13　晶闸管可控整流电路 ··· 143
　　3.13.1　实验目的 ··· 143
　　3.13.2　实验预习要求 ·· 143
　　3.13.3　实验原理 ··· 143
　　3.13.4　实验仪器设备 ·· 144
　　3.13.5　实验内容及步骤 ··· 145
　　3.13.6　实验报告要求 ·· 146

第4章　数字电子实验 ··· 147

4.1　晶体管开关特性、限幅器与钳位器 ··· 147
　　4.1.1　实验目的 ··· 147
　　4.1.2　预习要求 ··· 147
　　4.1.3　实验原理 ··· 147
　　4.1.4　实验设备与器件 ·· 149
　　4.1.5　实验内容与步骤 ·· 149
　　4.1.6　实验报告 ··· 151
　　4.1.7　实验预习要求 ··· 151
4.2　TTL与非门参数测试及使用 ··· 152
　　4.2.1　实验目的 ··· 152
　　4.2.2　实验预习要求 ··· 152
　　4.2.3　实验原理 ··· 152
　　4.2.4　实验内容与步骤 ·· 153
　　4.2.5　实验仪器设备 ··· 154
　　4.2.6　实验内容与步骤 ·· 154
　　4.2.7　实验报告 ··· 155
4.3　TTL集成与非门的逻辑功能与应用 ··· 155
　　4.3.1　实验目的 ··· 155
　　4.3.2　实验预习要求 ··· 156
　　4.3.3　实验原理 ··· 156
　　4.3.4　实验仪器设备 ··· 156
　　4.3.5　实验内容与步骤 ·· 156
　　4.3.6　注意事项 ··· 158
　　4.3.7　实验报告 ··· 158
4.4　集成逻辑电路的连接和驱动 ··· 158
　　4.4.1　实验目的 ··· 158
　　4.4.2　实验预习要求 ··· 158
　　4.4.3　实验原理 ··· 158
　　4.4.4　实验仪器设备 ··· 160
　　4.4.5　实验内容与步骤 ·· 160

4.4.6　注意事项 …………………………………………………………… 161
　　4.4.7　实验报告要求 ………………………………………………………… 162
4.5　组合逻辑电路分析与设计 ……………………………………………………… 162
　　4.5.1　实验目的 ……………………………………………………………… 162
　　4.5.2　实验预习要求 ………………………………………………………… 162
　　4.5.3　实验原理 ……………………………………………………………… 162
　　4.5.4　实验仪器设备 ………………………………………………………… 163
　　4.5.5　实验内容与步骤 ……………………………………………………… 163
　　4.5.6　注意事项 ……………………………………………………………… 165
　　4.5.7　实验报告 ……………………………………………………………… 165
4.6　编码器、译码器及数字显示 …………………………………………………… 165
　　4.6.1　实验目的 ……………………………………………………………… 165
　　4.6.2　实验预习要求 ………………………………………………………… 165
　　4.6.3　实验原理 ……………………………………………………………… 166
　　4.6.4　实验仪器设备 ………………………………………………………… 168
　　4.6.5　实验内容与步骤 ……………………………………………………… 168
　　4.6.6　注意事项 ……………………………………………………………… 170
　　4.6.7　实验报告要求 ………………………………………………………… 170
4.7　数据选择器 ……………………………………………………………………… 170
　　4.7.1　实验目的 ……………………………………………………………… 170
　　4.7.2　预习要求 ……………………………………………………………… 171
　　4.7.3　实验原理 ……………………………………………………………… 171
　　4.7.4　实验仪器设备 ………………………………………………………… 172
　　4.7.5　实验内容 ……………………………………………………………… 172
　　4.7.6　注意事项 ……………………………………………………………… 173
　　4.7.7　实验结果分析 ………………………………………………………… 173
4.8　双稳态触发器 …………………………………………………………………… 173
　　4.8.1　实验目的 ……………………………………………………………… 173
　　4.8.2　实验预习要求 ………………………………………………………… 173
　　4.8.3　实验原理 ……………………………………………………………… 174
　　4.8.4　实验仪器设备 ………………………………………………………… 176
　　4.8.5　实验内容与步骤 ……………………………………………………… 176
　　4.8.6　注意事项 ……………………………………………………………… 178
　　4.8.7　实验报告要求 ………………………………………………………… 178
4.9　数字比较器 ……………………………………………………………………… 178
　　4.9.1　实验目的 ……………………………………………………………… 178
　　4.9.2　实验预习要求 ………………………………………………………… 178
　　4.9.3　实验原理 ……………………………………………………………… 178
　　4.9.4　实验仪器设备 ………………………………………………………… 180
　　4.9.5　实验内容与步骤 ……………………………………………………… 180

4.9.6 注意事项 …… 181
4.9.7 实验报告 …… 181
4.10 计数器及其应用 …… 181
 4.10.1 实验目的 …… 181
 4.10.2 实验预习要求 …… 181
 4.10.3 实验原理 …… 181
 4.10.4 实验仪器设备 …… 184
 4.10.5 实验内容与步骤 …… 184
 4.10.6 注意事项 …… 186
 4.10.7 实验报告要求 …… 187
4.11 移位寄存器及其应用 …… 187
 4.11.1 实验目的 …… 187
 4.11.2 实验预习要求 …… 187
 4.11.3 实验原理 …… 187
 4.11.4 实验仪器设备 …… 191
 4.11.5 实验内容与步骤 …… 192
 4.11.6 注意事项 …… 193
 4.11.7 实验报告要求 …… 193
4.12 脉冲分配器及其应用 …… 193
 4.12.1 实验目的 …… 193
 4.12.2 实验预习要求 …… 194
 4.12.3 实验原理 …… 194
 4.12.4 实验仪器设备 …… 196
 4.12.5 实验内容 …… 196
 4.12.6 注意事项 …… 197
 4.12.7 实验报告要求 …… 197
4.13 多谐振荡器 …… 197
 4.13.1 实验目的 …… 197
 4.13.2 实验预习要求 …… 197
 4.13.3 实验原理 …… 197
 4.13.4 实验仪器设备 …… 199
 4.13.5 实验内容 …… 199
 4.13.6 注意事项 …… 200
 4.13.7 实验报告 …… 200
4.14 单稳态触发器与施密特触发器
  ——脉冲延时与波形整形电路 …… 200
 4.14.1 实验目的 …… 200
 4.14.2 实验预习要求 …… 200
 4.14.3 实验原理 …… 200
 4.14.4 实验设备与器件 …… 205

  4.14.5 实验内容与步骤 …………………………………………………… 206
  4.14.6 注意事项 ……………………………………………………………… 206
  4.14.7 实验报告 ……………………………………………………………… 206
 4.15 555集成定时器及其应用 ……………………………………………………… 206
  4.15.1 实验目的 ……………………………………………………………… 206
  4.15.2 实验预习要求 ………………………………………………………… 206
  4.15.3 实验原理 ……………………………………………………………… 206
  4.15.4 实验仪器设备 ………………………………………………………… 209
  4.15.5 实验内容与步骤 ……………………………………………………… 209
  4.15.6 实验报告 ……………………………………………………………… 210
  4.15.7 思考题 ………………………………………………………………… 210
 4.16 D/A、A/D转换器 ……………………………………………………………… 210
  4.16.1 实验目的 ……………………………………………………………… 210
  4.16.2 实验预习要求 ………………………………………………………… 210
  4.16.3 实验原理 ……………………………………………………………… 210
  4.16.4 实验仪器设备 ………………………………………………………… 212
  4.16.5 实验内容及步骤 ……………………………………………………… 213
  4.16.6 实验报告 ……………………………………………………………… 214
  4.16.7 思考题 ………………………………………………………………… 214

参考文献 ……………………………………………………………………………………… 215

第 1 章 实验基础知识

1.1 电工电子实验技术须知

1.1.1 电工电子实验技术的目的

电工、电子实验技术是一门重要的实践性技术基础课程。开设本课程的目的在于使学生将理论联系实际,在老师的指导下完成教学大纲规定的实验任务。通过电工、电子实验技术使学生熟悉常用仪器、仪表的使用方法,掌握电工、电子实验技术的基本操作技能,掌握正确处理实验数据、分析实验结果的方法,从而开发学生分析问题与解决问题的能力,培养学生实事求是的科学态度、勇于探索和创新的开拓精神。

1.1.2 电工电子实验技术的要求

为了更好地培养学生独立分析问题、解决问题以及开拓创新的能力,我们对电工、电子实验技术的各阶段提出了具体的要求。

1. 实验前的准备

为了使实验能够顺利地进行并达到实验目的,要求实验者应对实验内容进行预习。明确实验目的,熟悉实验原理与实验内容,列出实验设备,拟定实验步骤,制定实验结果记录表,分析实验注意事项。对设计性实验要求做好实验电路设计。在完成上述工作的基础上,做出预习报告。

2. 实验操作

(1)参加实验者要自觉遵守实验室规则。

(2)根据实验内容正确选择所需的实验仪器、仪表并设计合理的布局方式。按拟定的实验方案连接实验电路和测试线路。仔细检查,确认无误方可通电。

(3)通电后首先观察电路工作是否正常,如有发热、冒烟、异味、火花和声响等异常现象,应立即断开电源并报告老师,与老师一起查找原因,排除故障。

(4)认真记录实验数据、波形,遇到问题应独立思考,耐心排除,总结产生故障的原因及排除方法。

(5)小组成员应分工协作,一人操作,一人记录。在实验内容完成一半时,记录者与操作者应调换分工,使每位同学均受到实验技能的训练。

(6)记录的实验数据应给老师检查,确认无误后方可拆线,结束本次实验。

(7)实验完毕应整理好所用的仪器、仪表和元件导线等,有损坏元件、设备应立即向老师说明情况,养成严肃认真、有始有终的良好作风。

3. 填写实验报告

实验报告是对本次实验过程的总结与归纳，是对工程技术人员撰写论文能力的培养。实验报告要求用简明的语言表达整个实验过程，文理通顺，字迹工整，图表清晰，结论正确，分析合理。

实验报告应包括以下具体内容：

(1)实验名称、专业、班级、实验者及同组人姓名，实验日期。

(2)实验目的。

(3)实验原理(包括实验原理图)。

(4)实验设备(注明型号)。

(5)实验内容与步骤。包括各实验项目名称及根据实验记录整理成的数据表格或绘制的曲线或观察到的各种波形等。

(6)实验结果分析。说明是否符合相关理论。如不符或有误差，分析其原因。

1.1.3 实验故障分析与处理

在实验中出现一些故障是常见的，此时应通过自己的分析，检查故障产生的原因，使实验顺利地进行下去，从而培养学生独立分析问题、解决问题的能力。

1. 故障的原因

一般来说，实验中的故障原因有如下几种：

(1)学生对实验系统或实验原理不熟悉而造成线路连接错误。

(2)元件的极性判断错误；集成电路的引脚线接错。

(3)开关工作位置不正确。

(4)电位器没有调在合适位置。

(5)电源、实验电路、测试仪器、仪表之间的公共参考点连接错误或开路。

(6)接触不良或导线损坏造成的断路。

(7)仪器、仪表使用不当。

(8)集成电路逻辑功能不清楚，对多余引脚处理不当。

2. 故障排除方法

(1)观察法。

观察法不用任何仪器，通过人的看、听、嗅、摸等手段来发现问题，从而排除故障。

观察法分两种情况：通电观察和断电观察。主要从以下方面入手。

①仪器的选用和使用是否正确。

②电源电压大小和极性是否符合要求。

③电解电容的极性、二极管和三极管的管脚、集成电路的引脚是否接好。

④实验线路是否完好。

⑤导线是否接触良好。

(2)仪器仪表逐点(级)检测法。

①用万用表检测电路中元件的好坏。

②万用表测静态工作点是否正常。

③用示波器观察各级的输出波形是否正常。

(3)替换法。

当故障比较隐蔽时,可以采用替换法,用好的部件、元器件、插件板或仪器设备逐一替换实验电路中相应的部分,以便缩小故障范围,进一步查找故障。

当然实际调试时,寻找故障原因的方法很多,上面三种是最常用的。对于简单的故障用一种方法就可以排除,对于较复杂的故障需要几种方法相互配合,才能找出故障点。在一般情况下寻找故障的常规做法是:

①先用观察法,排除明显故障。

②再用万用表检查电路的静态工作点。

③用示波器观察各级的输出波形。

④最后再用替换法进行元件或仪器替换。

总之,在实验过程中遇到故障时,要耐心细致地分析查找故障点和故障原因,必要时可以请老师帮助指导检查。

1.2 电工电子实验测量方法

1.2.1 测量的内容

测量是通过一定的方法对客观事物的某些参数进行表征的过程。也就是通过实验的方法把被测量与它的标准量进行比较的过程。电工电子实验测量包括电量的测量和非电量的测量。

1.2.2 测量的方法

1. 按测量的途径来分

(1)直接测量。这是一种可以直接得到被测值的测量方法。如用万用表测某元件的工作电压等。这是一种最简单的测量方法。

(2)间接测量。这是一种利用直接测量的值与被测值之间的某种已知函数关系,得到被测值的测量方法。例如:测放大电路的放大倍数 A_V,一般是分别测量输出电压 V_0 与输入电压 V_I 后计算出 $A_V=V_0/V_I$。这种方法常用于被测值不便直接测量的情况。或者间接测量值比直接测量值更准确的情况。

(3)组合测量。这是一种兼用直接测量和间接测量的一种测量方法。在某些测量中,被测值与几个未知值有关,此时应通过改变测量条件进行多次测量,然后按被测量与未知量之间的函数关系,组成方程组,从而求出各未知量。

2. 按测量的性质来分

(1)时域测量。主要是测量被测量随时间的变化规律,被测量时间的函数。如交流电压、电流等。它们的稳态值和有效值多用仪表直接测量,它们的瞬时值可以用示波器来测量,同时可以观察它的波形,获得它们的随时间的规律。

(2)频域测量。主要是测量被测量的频率特性和相位特性,此时被测量是频率的函数。比较常见的有电路的相频特性和幅频特性。

(3)数字域测量。利用逻辑分析仪对数字量进行测量。它具有多个输入通道,可以同时观测许多单次并行的数据。如微处理器地址线、数据线上的信号,可以显示时序波形,也可以用"1"或"0"显示其逻辑状态。

（4）随机测量。主要是对电路中的噪声、干扰信号进行测量。在测量的过程中经常用到各种变换技术。如变频、分频、检波、A/D转换、D/A转换等。

1.2.3 测量方法和测量仪器的选择

对同一元件或电路有多种不同的测量方法。测量方法与测量仪器的选择正确与否，直接关系到测量结果的可信度，也关系到测量的经济性和可行性。不当和错误的测量方法，除了得不到正确的测量结果外，还会损坏测量仪器和被测设备。即使有了先进的测量仪器，并不一定能获得准确的测量结果。必须根据测量对象、测量要求和测量条件，选择正确的测量方法、合适的测量设备，组成合理的测量系统，细心地操作，才能得到准确的测量结果。

1.3 误差分析及测量结果的处理

在科学实验与生产实践的过程中，为了获取表征被研究对象的特征的定量信息，必须准确地进行测量。在测量过程中，由于各种原因，测量结果和待测量的客观真值之间总存在一定差别，即测量误差。因此，分析误差产生的原因，了解如何采取措施减少误差，使测量结果更加准确，对实验人员及科技工作者来说是必须掌握的。

1.3.1 误差的来源与分类

1. 测量误差的来源

测量误差的来源主要有以下几个方面：

（1）仪器误差。

仪器误差是指测量仪器本身的电气或机械等性能不完善所造成的误差。如校准误差、刻度误差等。显然，消除仪器误差的方法是配备性能优良的仪器并定时对测量仪器进行校准。

（2）使用误差。

使用误差也称操作误差。指测量过程中因操作不当而引起的误差。减小使用误差的办法是测量前详细阅读仪器的使用说明书，掌握仪器的使用方法，严格遵守操作规程，提高实验技巧和对各种仪器的操作能力。例如：万用表表盘上的符号：⊥、∏、∠60°分别表示万用表垂直位置使用、水平位置使用、与水平面倾斜成60°使用。使用时，应按规定放置万用表，否则会带来误差，至于用欧姆档测电阻前不调零所带来的误差，更是显而易见的。

（3）方法误差。

方法误差又称为理论误差。它是指由于使用的测量方法不完善、理论依据不严密、对某些经典测量方法作了不适当的修改简化所产生的，即凡是在测量结果的表达式中没有得到反映的因素，而实际上这些因素在测量过程中又起到一定的作用所引起的误差。例如，用伏安法测电阻时，若直接以电压表示值与电流表示值之比作测量结果，而不计仪器本身内阻的影响，就会引起误差。

（4）影响误差。

影响误差主要指测量者以及环境的影响而引起的误差。如人的感觉器官、运动器官的限制造成的误差以及环境的温度、湿度、机械震动、声音等影响所造成的误差。

2. 测量误差的分类

测量误差按性质和特点可分为系统误差、随机误差和过失误差三大类。

(1) 系统误差。

系统误差是指在相同条件下重复测量同一量时，误差的大小和符号保持不变，或按照一定的规律变化的误差。系统误差一般可通过实验或分析方法，查明其变化规律及产生原因后，可以减少或消除。电工电子技术实验中系统误差常来源于测量仪器的调整不当和使用方法不当而产生。

(2) 随机误差。

随机误差又称偶然误差。在相同条件下多次重复测量同一量时，误差数值大小和符号无规律的变化的误差称为随机误差。随机误差不能用实验方法消除。但从随机误差的统计规律中可了解它的分布特性，并能对其大小及测量结果的可靠性作出估计，或通过多次重复测量，然后取其中算术平均值来达到目的。

(3) 过失误差。

过失误差是由于测量者对仪器不了解、粗心，导致读数不正确而引起的，测量条件的突然变化也会引起过失误差。含有过失测量值称为坏值或异常值。必须根据统计检验方法的某些准则去判断哪个测量值是坏值，然后消除。

1.3.2 误差的表示方法

误差可以用绝对误差和相对误差来表示。

1. 绝对误差

设被测量的真值为 A_0，测量仪器的示值为 M，则绝对值 ΔX 为

$$\Delta X = X - A_0$$

在某一时间及空间条件下，被测量的真值虽然是客观存在的，但一般无法测得，只能尽量接近它。故常用高一级标准测量仪器的测量值 A 代替真值 A_0，则

$$\Delta X = X - A$$

在测量前，测量仪器应由高一级标准仪器进行校正，校正量常用修正值 C 表示。对于被测量值，高一级标准仪器的示值减去测量仪器的示值所得的差值，就是修正值。实际上，修正值就是绝对误差，只是符号相反。

$$C = -\Delta X = A - X$$

利用修正值便可得该仪器所测量的实际值

$$A = X + C$$

例如，用电压表测量电压时，电压表的示值为 1.1V，通过鉴定得出其修正值为 -0.01V。则被测电压的真值为：

$$A = 1.1 + (-0.01) = 1.09V$$

修正值给出的方式可以是曲线、公式或数表。对于自动测量仪器，修正值则预先编制成有关程序，存于仪器中，测量时对误差进行自动修正，所得结果便是实际值。

2. 相对误差

绝对误差值的大小往往不能确切地反映出被测量值的准确程度。例如，测 100V 电压

时，$\Delta X_1 = +2V$，在测 10V 电压时，$\Delta X_2 = 0.5V$，虽然 $\Delta X_1 > \Delta X_2$，可实际 ΔX_1 只占被测量量的 2%，而 ΔX_2 却占被测量的 5%。显然，后者的误差对测量结果的影响相对较大。因此，工程上常采用相对误差来比较测量结果的准确程度。

相对误差又分为实际相对误差、示值相对误差和引用相对误差。

(1) 实际相对误差。

实际相对误差是用绝对误差 ΔX 与被测量的实际值 A 的比值的百分数来表示的相对误差，记为：

$$\gamma_A = \frac{\Delta X}{A} \times 100\%$$

(2) 示值相对误差。

示值相对误差是用绝对误差 ΔX 与仪器给出值 X 的百分数来表示的相对误差，即：

$$\gamma_X = \frac{\Delta X}{X} \times 100\%$$

(3) 引用相对误差。

引用相对误差是用绝对误差 ΔX 与仪器的满刻度值 X_m 之比的百分数来表示的相对误差，即：

$$\gamma_m = \frac{\Delta X}{X_m} \times 100\%$$

电工仪表的准确度等级就是由 γ_m 决定的，如 1.5 级的电表，表明 $\gamma_m \leq \pm 1.5\%$。我国电工仪表按值共分七级：0.1、0.2、0.5、1.0、1.5、2.5、5.0。若某仪表的等级是 S 级，它的满刻度值为 X_m，则测量的绝对误差为：

$$\Delta X \leq X_m \times S\%$$

其示值相对误差为：

$$\gamma_m \leq \frac{X_m}{X} S\%$$

在上式中，总是满足 $X \leq X_m$ 的，可见当仪表等级 S 选定后，X 愈接近 X_m 时，上限值愈小，测量愈准确。因此，当我们使用这类仪表进行测量时，一般应使被测量的值尽可能在仪表满刻度值的 1/2 以上。

1.3.3 测量结果的处理

测量结果通常用数字或图形表示。下面分别进行讨论。

(1) 近似数和有效数字。

测量结果常常用图形和数据来表示，由于存在误差，若用数据来表示测量结果，测量数据总是近似值，它通常由可靠数字和欠准数字两部分组成，所以在进行数据处理时，除要注意有效数字的正确取舍外，还应符合数据处理方法，以减少测量中随机误差的影响。要从复杂的测量结果中得出可靠的实验结果，找出各物理量之间的变化关系及变化规律，就需要对实验数据进行分析、整理、归纳计算等处理，最后用数据表格清晰的表示出来。若以图形表示测量结果，则应考虑坐标的选择和作图的方法。例如，由电流表测得电流为 12.6mA，这是个近似数，12 是可靠数字，而末位 6 为欠准数字，即 12.6 为三位有效数字。有效数字对测量结果的科学表述极为重要。

对有效数字的正确表示，应注意以下几点：

①"0"在数字中可能是有效数字，也可能不是有效数字。

如 0.450kV 这个数据，它前面的"0"不是有效数字，它的有效数字只有三位。它可以写成 450V，有效数字还是三位。可见 0.450kV 它前面的"0"仅与单位有关，后面的"0"是由测量设备准确度来确定的，是不能随意增减的。

②对后面带"0"的大数目数字，不同写法其有效数字位数是不同的，例如，3000 如写成 30×10^2，则成为两位有效数字；若写成 3×10^3，则成为一位有效数字；如写成 3000±1，就是四位有效数字。

③如已知误差，则有效数字的位数应与误差所在位相一致，即：有效数字的最后一位数应与误差所在位对齐。如：仪表误差为 ±0.02V，测得数为 3.2832V，其结果应写作 3.28V。因为小数点后面第二位"8"所在位已经产生了误差，所以从小数点后面第三位开始后面的"32"已经没有意义了，写结果时应舍去。

④当给出的误差有单位时，则测量资料的写法应与其一致。如：频率计的测量误差为 ±kHz，如测得某信号的频率为 7100kHz，可写成 7.100MHz 和 7100×10^3Hz，若写成 7100000Hz 或 7.1MHz 是不行的。因为后者的有效数字与仪器的测量误差不一致。

⑤在计算中，常数的有效数字的位数未加限制，可根据测量数据的有效数字的位数而定。

(2) 数据舍入规则。

为了使正、负舍入误差出现的机会大致相等，现已广泛采用"小于 5 舍，大于 5 入，等于 5 时取偶数"的舍入规则。即：

①被舍去的数字大于 5，则舍 5 进 1，即末位数加 1。如：0.265 保留两位有效数字时，其结果为 0.27。

②被舍去的数字小于 5，则只舍 5 不进，即末位数不变。如：0.264 保留两位有效数字时，其结果为 0.26。

③被舍去的数字等于 5，若前面一位数字为偶数(0，2，4，6，8)时应舍去后面的数字(即末位不变)，当前面的数字为奇数(1，3，5，7，9)时，末位数字应加 1(即将末位凑成为偶数)。这样，由于舍入概率相同，当舍入次数足够多时，舍入的误差就会抵消。同时，这种舍入规则，使有效数字的尾数为偶数的机会增多，能被除尽的机会比奇数多，有利于准确计算。

(3) 有效数字的运算规则。

当测量结果需要进行中间运算时，有效数字的取舍，原则上取决于参与运算的各数中精度最差的那一项。一般应遵循以下规则：

①当几个近似值进行加、减运算时，在各数中(采用同一计量单位)，以小数点后位数最少的那一个数(如无小数点，则为有效位数最少者)为准，其余各数均舍入至比该数多一位后再进行加减运算，结果所保留的小数点后的位数，应与各数中小数点后位数最少者的位数相同。

②进行乘除运算时，在各数中，以有效数字位数最少的那一个数为准，其余各数及积(或商)均舍入至比该因子多一位后进行运算，而与小数点位置无关。运算结果的有效数字的位数应取舍成与运算前有效数字位数最少的因子相同。

③将数平方或开方后，结果可比原数多保留一位。

④用对数进行运算时，应使取对数前后的有效数字位数相等。

⑤若计算式中出现如 e、π 等常数时，可根据具体情况来决定它们应取的位数。

(4) 数据的表示法。

①数据的列表表示。

将所得的数据列成表格，简单明了地表示出相关物理量之间的关系。这种方法便于实验者随时检查结果是否合理，以便及时发现问题，减少和避免错误。在分析数据时，还可以发现相关物理量的变化规律，进而得出实验结论。列表的要求是：

a. 简单明了，便于分析相关物理量之间的关系；

b. 在标题栏中要标明各物理量的单位；

c. 表中的数据要正确反映测量结果的有效数字；

d. 除原始数据外，计算过程中的一些中间结果和最后结果也可以写入表中；

e. 表格中的数值应反映各物理量的变化规律，包括最大值、最小值，在变化明显的部分应多选取几个数值。

②测量结果的曲线表示。

在分析两个(或多个)物理量之间的关系时，用曲线比用列表、公式表示常常更形象和直观。因此，测量结果常要用曲线来表示。在实际测量过程中，由于各种误差的影响，测量数据将出现离散现象，如将测量点直接连接起来，将不是一条光滑的曲线，而是呈折线状，如图 1.3.1 虚线所示。但我们应用有关误差理论，可以把各种随机因素引起的曲线波动抹平，使其成为一条光滑均匀的曲线，这个过程称为曲线的修匀。

在要求不太高的测量中，常采用一种简便、可行的工程方法——分组平均法来修匀曲线。这种方法是将各测量点分成若干组，每组含 2~4 个数据点，然后分别估取各组的几何重心，再将这些重心连接起来。图 1.3.2 就是每组取 2~4 个数据点进行平均后的修匀曲线。这条曲线，由于进行了测量点的平均，在一定程度上减少了偶然误差的影响，使之较为符合实际情况。曲线应画在坐标纸上，比例要适当，坐标轴上应注明物理量的符号、单位、起始值、比例和曲线名称。

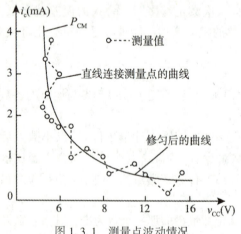

图 1.3.1 测量点波动情况

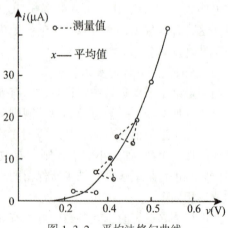

图 1.3.2 平均法修匀曲线

1.3.4 仪器阻抗对测量的影响

被测电路的输入或输出阻抗与测量仪器的输入或输出阻抗间的关系，如果没有合理的匹配将造成测量误差，下面作简单叙述。

1. 测量仪器与被测电路的连接方式

（1）测量仪器和被测电路并联。

以用示波器和数字电压表测量电路的内部电压为例，在图1.3.3中，被测电路的输出阻抗为 Z_s，内部电压为 U。用输入阻抗为 Z_m 的示波器，或者数字电压表测量时，测量点 A、B 间的电压 U' 分以下两种情况。

当 $Z_m \gg Z_s$ 时，$V' \approx V$，此时误差非常小。如果 $Z_m = Z_s$，$V' = V/2$，指示值为实际电压的 1/2。因此，在这种情况下，必须使测量仪器的输入阻抗比被测电路的输出阻抗大很多。

另外，一般 Z_m 和 Z_s 是频率的函数（通常多是频率越高，阻抗越低），尤其在高频测量时必须注意这一点。

（2）测量仪器和被测电路串联。

测量电流时，如图1.3.4所示，若未接 Z_m 前的真值电流为 $\dot{I}$，串接 Z_m 后电流为 $\dot{I}'$，则

$$\dot{I}'(测量值) = \frac{\dot{I}}{1+\dfrac{Z_m}{Z_s}} \qquad I(真值) = \frac{\dot{V}}{\dot{Z}_s}$$

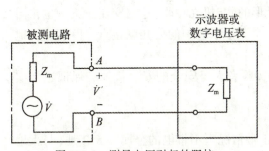
图1.3.3　测量电压引起的阻抗

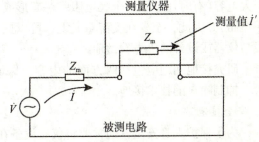
图1.3.4　测量电流引起的阻抗

若 $Z_m \gg Z_s$，则 $\dot{I}' \approx \dot{I}$，测量值近于真值。如果 $Z_m = Z_s$，则 $\dot{I}' = \dot{I}/2$，测量指示值为真值的 1/2 倍。因此，在这种情况下，测量仪器的输入阻抗应远小于被测电路的输出阻抗。由此可见，如果忽略了测量仪器的阻抗，会对结果产生较大影响，实验中应给予足够的重视。

2. 阻抗匹配

用信号发生器进行测量时，如图1.3.5所示，当被测电路输入阻抗 Z_m 和信号发生器的输出阻抗 Z_s 相等时，称为阻抗匹配，匹配的目的在于使负载 Z_m 上得到最大功率，特别在高频电路中，此种匹配还为了在负载端不产生反射。

在高频、脉冲传输系统中，传输线多数采用 50Ω，它比用 600Ω 系统时，电抗成分影

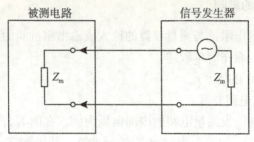

图 1.3.5 阻抗匹配

响小,因此,前沿陡的脉冲及高频的测量比较正确。

1.4 电路中的接地

1.4.1 接地的含义

在电路及电子技术实验中,电路、仪器是否接地,接地是否正确,不仅关系到工作是否正常,实验结果是否正确,同时还关系到仪器设备和人身安全。一般电子技术中的接地有两种含义。第一种含义是指接真正的大地即与地球保持等电位,而且常常局限于所在实验室附近的大地。对于交流供电电网的地线,通常是指三相电力变压器的中线(又称零线),它是在发电厂联接大地。第二种含义是指接电子测量仪器、设备、被测电路等的公共连接点,即系统的参考零电位。这个公共联接点通常与机壳直接联接在一起,或通过一个大电容(有时还并联一个大电阻——有形或无形的)与机壳相联(这在交流意义上也相当于短路)。因此,至少在交流意义上,可以把一个测量系统中的公共联接点,即电路的地线与仪器或设备的机壳看做地线。

研究接地问题应包括两方面的内容:保证实验者人身安全的安全接地和保证正常实验、抑制噪声的技术接地。

1. 安全接地

为了保护人身安全,通常要将仪器设备在正常情况下不带电的金属外壳接地(与大地相连)。如图 1.4.1 所示,图中 Z_1 是电路与机壳的阻抗。若机壳未接地,机壳与大地之间就有很大的阻抗 Z_2,V_1 为仪器中电路与地之间的电压,V_2 为机壳与大地之间的电压,则有 $V_2 = Z_2 \cdot V_1/(Z_1+Z_2)$,因机壳与大地绝缘,故此时 V_2 较高。特别是 Z_1 很小或绝缘击穿时,$V_1 \approx V_2$,如果人体接触机壳,就有可能触电。如果将机壳接地,即 $Z_2 = 0$,则机壳上的电压为零,可保证人身安全。实验室中的仪器采用三眼插座即属于这种接地。这时,仪器外壳经插座上等腰三角形顶点的插孔与地线相连。

2. 技术接地

技术接地即工作接地或信号接地。接地点时,所有电路及测量仪器的公共参考点。正确地设计和选择这种接地点,就是要尽可能地减少级间耦合干扰、抑制外界电磁干扰。

仪器设备中的电路都需要直流供电才能工作,而电路中所有各点的电位都是相对于参考零电位来度量的。通常将直流电源的某一极作为这个参考零电位点,也就是"公共端",

1.4 电路中的接地

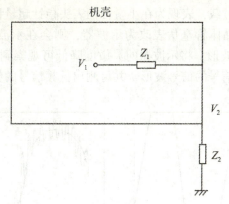

图 1.4.1 仪器外壳接地

它虽未与大地相连,也称作"接地点"。与此点相连的线就是"地线"。任何电路的电流都必须经过地线形成回路,应该使流经地线的各电路的电流互不影响。由于交流电源因三相负载难以平衡,中线两端有电位差,其上有中线电流流过,对低电平的信号就会形成干扰。因此,为了有效抑制噪声和防止外界干扰,绝不能以中线作为信号的地线。

在电子测量中,通常要求将电子仪器的输入或输出线黑色端子与被测电路的公共端相连,这种接法也称为"接地",这样连接可以防止外界干扰。这是因为在交流电路中存在电磁感应现象。空间的各种电磁波经过各种途径窜扰到电子仪器的线路中,影响仪器的正常工作。为了避免这种干扰,仪器生产厂家将仪器的金属外壳与信号输入或输出线的黑色端子相连,这样,干扰信号被金属外壳短接到地,不会对测量系统产生影响。

如图 1.4.2 所示,用晶体管毫伏表测量信号发生器输出电压,因未接地或接地不良引入干扰。

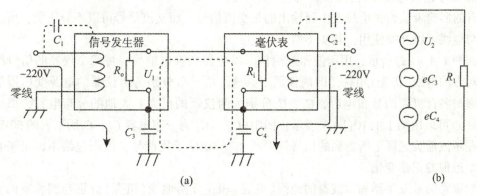

图 1.4.2 仪器接地不良引起干扰

在图 1.4.2 中,C_1、C_2 分别为信号发生器和晶体管毫伏表的电源变压器初级线圈对各自机壳(地线)的分布电容,C_3、C_4 分别为信号发生器和晶体管毫伏表的机壳对大地的分布电容。由于图中晶体管毫伏表和信号发生器的地线没有相连,因此实际到达晶体管毫伏表输入端的电压为被测电压 U_x 与分布电容 C_3、C_4 所引入的 50Hz 干扰电压 eC_3、eC_4 之和

（如图 1.4.2(b)所示），由于晶体管毫伏表的输入阻抗很高(兆欧级)，故加到它上面的总电压可能很大而使毫伏表过载，表现为在小量程档表头指针超量程而打表。

如果将图 1.4.2 中的晶体管毫伏表改为示波器，则会在示波器的荧光屏上看到如图 1.4.3(a)所示的干扰电压波形，将示波器的灵敏度降低可观察到如图 1.4.3(b)所示的一个低频信号叠加一个高频信号的信号波形，并可测出低频信号的频率为 50Hz。

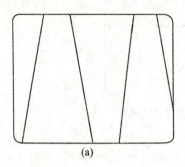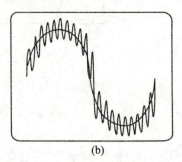

图 1.4.3　接地不良时观察到的波形图

如果将图 1.4.2 中信号发生器和晶体管毫伏表的地线相联(机壳)或两地线(机壳)分别接大地，干扰就可消除。因此，对高灵敏度、高输入阻抗的电子测量仪器应养成先接好地线再进行测量的习惯。

1.4.2　实验中与接地有关的几个问题

在实验过程中，如果测量方法正确，被测电路和测量仪器的工作状态也正常，而得到的仪器读数却比预计值大得多或在示波器上看到如图 1.4.3 所示的信号波形，那么，这种现象很可能就是地线接触不良造成的。

1. 仪器信号线与地线接反，引入干扰

有的实验者认为，信号发生器输出的是交流信号，而交流信号可以不分正负，所以信号线与地线可以互换使用，其实不然。

如图 1.4.4(a)所示，用示波器观测信号发生器的输出信号，将两个仪器的信号线分别与对方的地线(机壳)相联，即两仪器不共地。C_1、C_2 分别为两仪器的电源变压器的初级线圈对各自机壳的分布电容，C_3、C_4 分别为两仪器的机壳对大地的分布电容，那么图 1.4.4(a)可以用图 1.1.10(b)来表示，图中 eC_3、eC_4 为分布电容 C_3、C_4 所引入的 50Hz 干扰，在示波器荧光屏上所看到的信号波形叠加有 50Hz 干扰信号，因而包络不再是平直的而是呈近似的正弦变化。

如果将信号发生器和示波器的地线(机壳)相连或两地线(机壳)分别与实验室的大地相接，那么，在示波器的荧光屏上就观测不到任何信号波形，信号发生器的输出端被短路。

2. 高输入阻抗仪表输入端开路，引入干扰

以示波器为例来说明这个问题。如图 1.4.5(a)所示，C_1、C_2 分别为示波器输入端对电源变压器初级线圈和大地的分布电容，C_3、C_4 分别为机壳对电源变压器初级线圈和大地的分布电容。此电路可等效为如图 1.4.5(b)所示电路，可见，这些分布参数构成一个桥

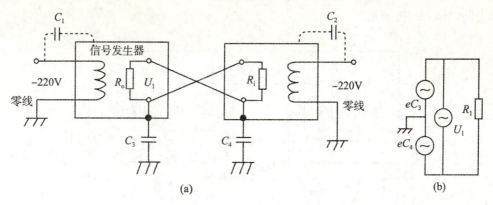

图 1.4.4　错误的接线方式

路，当 $C_1C_4 = C_2C_3$ 时，示波器的输入端无电流流过。但是，对于分布参数来说，一般不可能满足 $C_1C_4 = C_2C_3$，因此示波器的输入端就有 50Hz 的市电电流流过，荧光屏上就有 50Hz 交流电压信号显示。如果将示波器换成晶体管毫伏表，毫伏表的指针就会指示出干扰电压的大小。正是由于这个原因，毫伏表在使用完毕后，必须将其量程旋钮置 3V 以上挡位，并使输入端短路，否则，一开机，毫伏表的指针会出现打表现象。

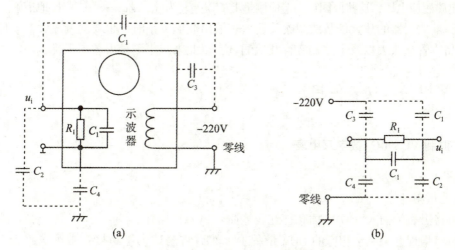

图 1.4.5　高输入阻抗引起的干扰

3. 接地不当，将被测电路短路

这个问题在使用双踪示波器时尤其应注意。它的两路信号输入端子中的黑色端子已通过机壳连通，当同时观察两路信号时，必须将两根输入线的黑端子连接到被测电路的公共点上，或者只接一个黑端子，另一黑端子悬空。如连接不当也会造成被测电路短路。如图 1.4.6 所示，由于双踪示波器两路输入端的地线都是与机壳相联的，因此，在图 1.4.6(a) 中，示波器的第一路(CH1)观测被测电路的输入信号，连接方式是正确的，而示波器的第二路(CH2)观测被测电路的输出信号，连接方式是错误的，导致了被测电路的输出端被短路。在图 1.4.6(b) 中，示波器的第二路(CH2)观测被测电路的输出信号，连接方式是正确的，而示波器的第一路(CH1)，观测被测电路的输入信号，连接方式是错误的，导致了被测电路的输入端被短路。

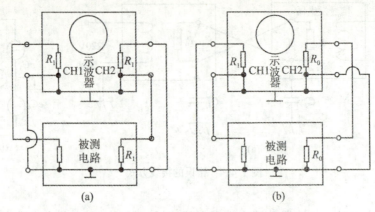

图1.4.6　接地不当导致被测电路输入端短路

此外，接地时，应避免多点接地，而采取一点接地方法，以排除对测量结果的干扰而产生测量误差。尤其多个测量电仪器间有两点以上接地时更需注意。如果实验室电源有地线，此项干扰可以排除，否则，由于两处接地，工作电流在各接地点间产生电压降或在接地点间产生电磁感应电压，这些原因也会造成测量上的误差。为此，必须采取一些接地措施。

在测量放大器的放大倍数或观察其输入、输出波形关系时，也要强调放大器、信号发生器、晶体管毫伏表以及示波器实行共地测量，以此来减小测量误差与干扰。

1.5　常用仪器仪表使用说明

1.5.1　胜利VC890C+数字万用表

如图1.5.1所示。

1. 直流电压测量

(1) 将黑表笔插入"COM"插孔，红表笔插入"V/Ω"插孔。

(2) 将量程开关调至相应的DCV量程上，然后将测试表笔跨接在被测电路上，红表笔接被测电路的"+"正极，黑表笔接被测电路的"−"负极，若屏幕显示量程前面有"−"号，则红黑表笔接反。

注意：

① 如果事先对被测电压范围没有概念，应将量程开关调至最高挡位，然后根据显示被测电压值调至相应的挡位上。

② 如屏幕显示"1"表明已超出量程范围，须将量程开关调至较高挡位。

2. 交流电压测量

(1) 将黑表笔插入"COM"插孔，红表笔插入"V/Ω"插孔。

(2) 将量程开关调至相应的ACV量程上，然后将测试表笔跨接在被测电路上，交流电压没有正负之分，测试须小心，请勿接触表笔测试端。

1—型号栏
2—液晶显示器，显示仪表测量的数值
3—背光灯，自动关机开关及数据保持键
4—三极管测试座：测试三极管输入口
5—发光二极管：通断检测时报警用
6—旋钮开关：用于改变测量功能、量程以及控制开关机
7—20A 电流测试插座
8—200mA 电流测试插座正端
9—电容、温度、"-"极插座及公共地
10—电压、电阻、二极管、"+"极插座

图 1.5.1 胜利数字万用表

注意：

①如果事先对被测电压范围没有概念，应将量程开关调至最高挡位，然后根据显示被测电压值调至相应的挡位上。

②如屏幕显示"1"表明已超出量程范围，须将量程开关调至较高挡位。

3. 直流电流测量

（1）将黑表笔插入"COM"插孔，红表笔插入"mA"插孔（最大为 200mA）或插入"20A"插孔（最大为 20A）。

（2）将量程开关调至相应 DCA 挡位上，然后将表笔串联接入被测电路中，被测电压值及红色表笔点的电流极性将同时显示在屏幕上。

注意：

①如果事先对被测电流范围没有概念，应将量程开关调至最高挡位，然后根据显示被测电流值调至相应的挡位上。

②如屏幕显示"1"表明已超出量程范围，须将量程开关调至较高挡位。

③在测量 20A 时要注意，该挡位没有保险，连续测量大电流将会使电路发热，影响测量精度甚至损坏仪表。

4. 交流电流测量

（1）将黑表笔插入"COM"插孔，红表笔插入"mA"插孔中（最大为 200mA），或红表笔插入（20A）插孔中（最大为 20A）。

（2）将量程开关调至相应 ACA 挡位上，然后将表笔串联接入被测电路中，屏幕会显示被测电流值。

注意：

①如果事先对被测电流范围没有概念，应将量程开关调至最高挡位，然后根据显示被测电流值调至相应的挡位上。

②如屏幕显示"1"表明已超出量程范围,须将量程开关调至较高挡位。

③在测量 20A 时要注意,该挡位没有保险,连续测量大电流将会使电路发热,影响测量精度甚至损坏仪表。

5. 电阻测量

(1)将黑表笔插入"COM"插孔,红表笔插入"V/Ω"插孔。

(2)将量程开关调至相应的电阻量程上,然后将测试表笔跨接在被测电阻上。

注意:

①如果电阻值超过所选的量程,则会显示"1",这时应将开关调至较高挡位上,当测量电阻值超过 1MΩ 以上时,读数需跳几秒钟才能稳定,这在测量高电阻时是正常的。

②当输入端开路时,则显示过载情形。

③测量在线电阻时,需确认被测电路所有电源已关断及所有电容都已完全放电时,才可进行测量。

6. 电容测量

(1)将黑表笔插入"COM"插孔,红表笔插入"mA"插孔。

(2)将量程开关调至相应电容量程上,表笔对应电容的极性接入被测电容(红表笔极性为正极"+")。

注意:

①如果事先对被测电容范围没有概念,应将量程开关调至最高挡位,然后根据显示被测电容值调至相应的挡位上。

②如屏幕显示"1"表明已超出量程范围,须将量程开关调至较高挡位。

③在测试电容时,屏幕显示值可能尚未归零,残留读数会逐渐减小,但可以不予理会,它不会影响测量的准确度。

④大电容挡位测量严重漏电或击穿电容时,所显示的数值不稳定。

⑤在测试电容容量之前,必须对电容充分地放电(短接两脚放电),以防止损坏仪表。

⑥单位:$1\mu f = 1000nf$,$1nf = 1000pf$。

7. 二极管及通断测量

(1)将黑表笔插入"COM"插孔,红表笔插入"V/Ω"插孔(红表笔极性为正极"+")。

(2)将量程开关调至二极管挡(蜂鸣挡"⇥•》)"),并将红表笔接入待测二极管的正极,黑表笔接负极,读数为二极管正向压降的近似值,红表笔接负极,黑表笔接正极,读数显示为"1",此二极管正常。

(3)将两表笔接入待测电路的两点,如果两点之间电阻值低于约$(70\pm20)\Omega$左右,此时内置蜂鸣器会发出声音,表明该电路存在短路现象,若显示数值为"1",则表明开路。

8. 三极管测量

(1)将量程开关调至 hFE 挡。

(2)决定所测三极管为 NPN 还是 PNP 型,将发射极(E)、基极(B)、集电极(C)三极分别插入测试仪表上相应的插孔就能判断。

9. 温度测量

测量温度时,将热电偶传感器的冷端(自由端)负极插入"mA"孔,正极插入"COM"插孔中,热电偶的工作端(测温端)置入待测物上面或内部,可直接读取温度值,读数为摄氏度。

10. 自动断电

当仪表停止使用 20±10 分钟左右后，仪表会自动进入休眠状态，若要重新启动电源测量时，需将量程开关调至"OFF"档，然后在调至需要使用的挡位上，就可重新接通电源继续使用。

11. 仪器保养

该系列仪表是一台精密仪器，保用者不要随意更改电路。

（1）请注意防水、防尘、防摔。

（2）不宜在高温高湿、易燃易爆和强磁场的环境下存放、使用仪表。

（3）请使用湿布和温和的清洁剂清洁仪表外表，不要使用研磨剂及酒精等烈性溶剂。

（4）如果长时间不使用，应取出电池，防止电池漏液腐蚀仪表。当屏幕无显示、误差较大或出现" "符号时，应及时更换 9V 电池（最好使用碱性电池）。

1.5.2 D26-W 瓦特表

如图 1.5.2 所示。

图 1.5.2　D26-W 瓦特表

1. 仪表结构和原理线路

D26 型仪表为带有屏蔽的空气式电动系结构，如图 1.5.3 所示，其动作原理是，当仪表通电以后固定线圈与动圈均产生磁场，两磁场相互作用，促使可动部分产生偏转，因而可使固定转轴上的指针直接读出被测之量，转动部分采用钢质轴尖及刚玉制成弹性轴承，因而仪表的摩擦产生的误差很小，指针为刀口形，刻度板下备有反光镜子，以减少视差。仪表使用空气式阻尼器。仪表具有良好的补偿线路，所以指示值受温度变化影响小。整个测量机构置于双层屏蔽内，具有良好的密封性能。

2. D26 型仪表接线图

使用时，仪表应放置水平位置，尽可能远离强电流导线和强磁性物质，以免仪表增加误差。如果仪表指针不在零位上，可利用表盖上的调零器将指针调至零位。

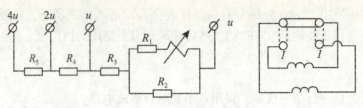

图1.5.3　D26-W电气原理图

根据所需测量范围按图1.5.4将仪表接入线路、在通电前必须对线路中的电流或电压大小有所估计，避免过高超载使仪表遭到损坏。当仪表使用于直流电路内时，应将接线端钮互换，取二次读数之平均值作为正确指示值，以消除剩磁误差。瓦特表测量时如遇仪表指针反方向偏转时，应改变换向开关之极性，可使指针方向偏转，切忌互换电压接线，以免使仪表产生附加误差。

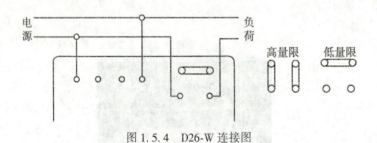

图1.5.4　D26-W连接图

3. 瓦特表(功率表)的读数

瓦特表指示值按下式计算：

$$P = Ca \text{（瓦特）}$$

式中，P 为测量的功率(瓦特)、a 为仪表偏转时指示、C 为仪表常数，亦即刻度每小格所代表的瓦特数，如表1.5.1所示：

表1.5.1　　　　　　　　　　　　电流电压表

额定电流(A)	额定电压(V)						
	75	150	300	600	125	250	500
0.5	0.25	0.5	1	2	0.5	1	2
1	0.5	1	2	4	1	2	4
2	1	2	4	8	2	4	8
2.5	1.25	2.5	5	10	2.5	5	10
5	2.5	5	10	20	5	10	20
10	5	10	20	40	10	20	40
20	10	20	40	80	20	40	80

为扩大仪表的测量范围，可按图 1.5.5 连接相应之互感器进行测量，此时仪表之测量误差为仪表本身的误差和互感器误差之和。

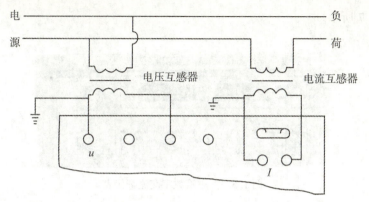

图 1.5.5　D26-W 外互感器连接图

1.5.3　ZX21 型直流电阻箱

如图 1.5.6 所示。

图 1.5.6　ZX21 型电阻箱

ZX21 型电阻箱供直流电路中调节阻值使用，适合于学校、工矿、科研单位作电测量实验。电阻箱每只开关的电阻按 1、2、2、2 组合，电阻采用锰铜合金线绕制，稳定度高，温度系数小。全部开关及电阻均安装在胶木面板上，并置于密封的胶木外壳内。

使用时应注意以下事项：

(1) 电阻箱在使用时，应将各盘旋转数次，以使其接触稳定可靠。

(2) 电阻箱在使用时，不能超过标称功率值。

(3) 在使用 0.1~0.9Ω 阻值变化时，应接"0"、"0.9Ω"两个接线柱；在使用 0.1~9.9Ω 阻值变化时，应接"0"、"9.9Ω"两个接线柱，为此可免除电阻箱内的其余连接部分的导线电阻及开关接触电阻。

(4) 电阻箱应置于温度 5~45℃，相对湿度 25%~80%，不受阳光直接照射及空气中不含腐蚀性气体的工作环境内。

1.5.4 中策 DF1930A 数字交流毫伏表

如图 1.5.7 所示。

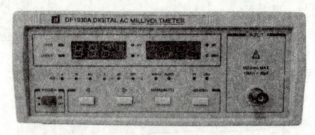

图 1.5.7 中策数字交流毫伏表

中策 DF1930A 采用单片机控制技术,集模拟与数字技术于一体,是一种通用型智能化的单通道全自动数字交流毫伏表。适用于测量频率 5Hz~2MHz,电压 100μV~300V 的正弦波有效值电压。具有测量精度高,测量速度快,输入阻抗高,频率影响误差小等优点。具备自动/手机测量功能,同时显示电压值和 dB/dBm 值,以及量程和通道状态,显示清晰直观,使用方便,可广泛应用于工厂、实验室、科研单位、部队及学校。

1. 技术参数

    (1)交流电压测量范围:100μV~300V

    (2)dB 测量范围:-80dB~50dB(0dB=1V)

    (3)dBm 测量范围:-77dBm~52 dBm(0dB=1mw 600Ω)

    (4)量程:3mV,30mV,300mV,3V,30V,300V

    (5)频率范围:5Hz~2MHz

    (6)输入电阻:10MΩ

    (7)输入电容:不大于 30pF

    (8)工作电压:AC220V±10%,50Hz±2Hz

2. 使用说明

    (1)打开电源开关,将仪器预热 15~30 分钟。电源开启后,仪器进入产品提示和自检状态,自检通过后即进入测量状态。毫伏表前后面板分别如图 1.5.8 和图 1.5.9 所示。

    (2)采用手动测量方式时,在加入信号前请先选择合适量程;采用自动测量方式时,仪器能根据被测信号的大小自动选择测量量程,同时允许手动方式干预量程选择。若 O-VER 灯亮表示过量程,此时,电压显示为 HHHHV,dB 显示为 HHHHdB,表示输入信号过大,超过了仪器的使用范围,应手动切换到高量程测量。当 UNDER 灯亮时,表示测量欠量程,应切换到低量程测量。

    (3)当仪器设置为手动测量时,从输入端加入被测信号后,只要量程选择恰当,读数能马上显示出来。当仪器设置为自动测量时,由于要进行量程的自动判断,读数显示略慢于手动测量方式。在自动测量方式下,允许手动量程设置按钮设置量程。

    (4)当将后面板上 FLOAT/GND 开关设置于浮置时,输入信号地与外壳处于高阻状态;当将开关置于接地时,输入信号地与外壳接通。在音频信号传输中,有时需要平衡传

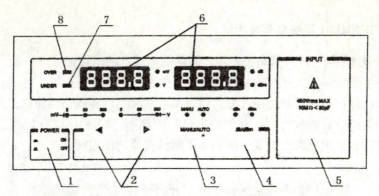

1—POWER 电源开关；
2—量程切换按键，用于手动测量时量程的切换；
3—AUTO/MANU 自动/手动测量选择按键；
4—用于 dB/dBm 计量单位的选择；
5—被测信号输入通道；
6—用于显示当前的测量通道实测输入信号电压值，dB 或 dBm 值；
7—UNDER 欠量程指示灯。当手动或自动化测量方式时，读数低于 300 时该指示灯闪烁；
8—OVER 过量程指示灯。当手动或自动化测量方式时，读数超过 3999 时该指示灯闪烁。

图 1.5.8　毫伏表前面板

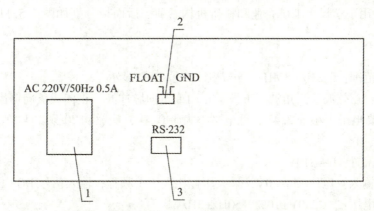

1—交流电源输入插座，用于 220V 电源的输入；
2—FLOAT/GND 用于测量时输入信号地是浮置还是接机箱外壳地；
3—用于 RS-232 通信时的接口端。

图 1.5.9　毫伏表后面板

输，此时测量其电平时，需采用浮置方式；在测量 BTL 放大器时，输入两端任一端都不能接地，否则会引起测量不准甚至烧坏功放，宜采用浮置方式；某些需要防止地线干扰的放大器或带有直流电压输出的端子及元器件二端电压的在线测试均可采用浮置方式测量。

（5）仪器应放在干燥通风的地方，在使用过程中不应进行频繁的开机和关机，关机后重新开机的时间间隔就大于 5 秒以上，若出现死机现象，应先关机后再开机检查。仪器在通信过程中若出现通信中断，且在短时间内不能自动连接，应重新启动计算机通信界面程序。

1.5.5 中策 DF1641B1 函数信号发生器

中策 DF1641B1 是一种具有高稳定度、多功能等特点的函数信号发生器，如图 1.5.10 所示。信号产生部分采用大规模单片函数发生器电路，能产生正弦波、方波、三角波、斜波、脉冲波、线性扫描和对数扫描波形，同时对各种波均可实现扫描功能，采用单片机对仪器的各项功能进行智能化管理，对于输出信号的频率、幅度由 LED 显示，其余功能则由发光二极管指示，用户可以直观、准确地了解到仪器的使用状况。

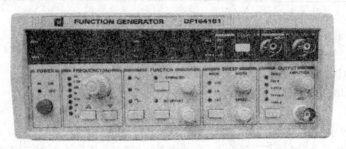

图 1.5.10　中策函数信号发生器

仪器机箱设计采用了塑料面框、金属结构，外形设计典雅坚固，振作方便，性能可靠，可广泛应用于学校、工矿企业和科研机构。前、后面板分别如图 1.5.11 和图 1.5.12 所示。

1. 技术参数

(1) 频率范围：0.3Hz~3MHz，分 7 挡，5 位 LED 显示

(2) 波形：正弦波、三角波、方波、正向或负向脉冲波、正向或负向锯齿波

(3) TTL 高电平不小于 2.4V，低电平不大于 0.4V，能驱动 20 只 TTL 负载，上升时间不大于 30ns

(4) 直流偏置：0~±10V

(5) VCF 输入：电压-5V~0V，最大压控比大于 1 频程，输入信号 DC~1kHz

(6) 工作电压：AC220V±10%，50Hz±2Hz

2. 使用说明

本仪器在规定条件下可连续工作，由于采用大规模的集成电路，校正相对比较方便，为保持良好性能，建议每 3 三个月左右校正一次。

1.5.6 中策 DF1731SLL3A 直流稳压电源

中策 DF1731SLL3A 是由二路可调输出电源和一路固定输出电源组成的高精度直流稳压电源，如图 1.5.13 所示。有四组 3 个半 LED 数字表，分别显示两组电源的输出电压、电流值。其中二路可调输出电源具有稳压与稳流自动转换功能，其电路由调整管功率损耗控制电路、运算放大器和带有温度补偿的基准稳压器组成。因此电路稳定可靠，电源输出电压可在 0~40V 标称电压值之间任意调整；在稳流状态时，稳定输出电流可在 0~3A 标称电流值之间连续可调。两路可调电源间可以任意进行串联或并联，在串联和并联的同时

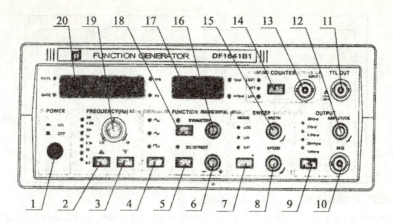

1—POWER 电源开关。

2—频率倍率范围选择按钮,从低向高。

3—频率倍率范围选择按钮,从高向低。

4—波形选择,按此按键可选择正弦波、三角波、方波,与(16)(18)按键配合使用时,可选择正向或负向斜波,正向或负向脉冲波。

5—DC OFFSET 直流偏置,调节范围为-10V~+10V,输出波形幅度为5Vp-p。

6—直流偏置旋钮,当直流偏置指示灯亮时,调节旋钮可以改变波形的直流偏置。

7—MODE 扫频方式选择按钮,可分别选择对数扫频 LOG、线性扫频 LIN、以及外接扫频 EXT。

8—SPEED 扫频速率调节旋钮。

9—输出信号幅度衰减量选择按钮。

10—函数波形信号输出,阻抗为50Ω,最大输出幅度为20Vp-p。

11—TTL OUT,TTL 电平的脉冲信号输出端,输出阻抗为50Ω。

12—AMPLITUDE 输出幅度调节,函数波形信号输出幅度调节旋钮,与按钮(9)配合使用,用于改变输出信号的幅度。

13—INPUT 计数器输入,信号从此端输入,与17配合使用。

14—内测/外测衰减低通滤波器(EXT、ATT、LPF),频率计的内测、外测选择按键。计数选择外测 EXT,当输入信号幅度较大时,按此键,ATT 指示灯亮有效,衰减20dB。再按一下则 LPF 灯亮,带内衰减,截止频率约为100kHz。若输入端无信号,20秒后,频率计显示为0。

15—WIDTH 扫频宽度调节旋钮,当仪器处于扫频状态时调节该旋钮可以调节扫频宽度。

16—对称度调节旋钮,调节该旋钮可以改变波形的对称度。

17—输出信号幅度显示,用于显示信号幅度的峰峰值(空载)。当负载阻抗为50Ω时,负载上的值应为显示值的二分之一。当需要输出幅度小于幅度电位器至于最大时的1/10,建议使用衰减器。Vp-p,mVp-p 为输出电压幅度峰峰值指示,指示灯亮有效。

18—SYMMETRY 对称度控制按钮,指示灯亮有效,调节范围为20:80~80:20。

19—频率调节按钮,顺时针调节输出信号频率提高,逆时针调节输出信号频率降低。

20—显示输出信号或外测频率信号的频率。GATE 灯闪烁时,表示频率计正在工作,当输入信号的频率高于20MHz时,OV.FL灯亮。Hz,kHz 为频率单位指示,指示灯亮有效。

图1.5.11 信号发生器前面板

又可由一路主电源进行电压或电流(并联时)跟踪。串联时最高输出电压可达两路电压额定值之和,并联时最大输出电流可达两路电流额定值之和。另一路固定输出5V电源,控

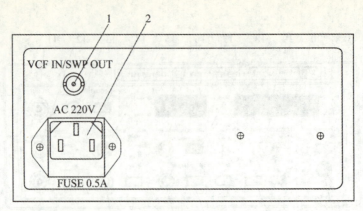

1—交流 220V 电源输入插座,带 0.5A 保险管。

2—VCF IN/SWP OUT 端子。外接电压控制频率输入端,输入电压为 0~-5V;扫描信号输出端,当扫描方式选择为对数或线性时,扫描信号在此端子输出。

图 1.5.12　信号发生器后面板

制部分是由单片集成稳压器组成。三组电源均具有可靠的过载保护功能,输出过载或短路都不会损坏电源。

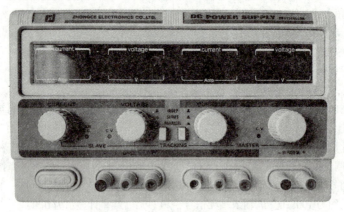

图 1.5.13　中策直流稳压电源

1. 技术参数

（1）可调输出两组电源:输出电压 0~40V;输出电流 0~3A

（2）固定输出电源:输出电压 5V±3%;输出电流 3A

（3）工作时间:8 小时连续

（4）工作电压:AC220V±10%,50±2Hz

2. 使用说明

（1）双路可调电源独立 INDEP 使用。首先将图 1.5.14 中 13 和 14 开关分别置于弹起位置,在可调电源作为稳压源使用时,再将稳流调节旋钮 6 和 22 顺时针调节到最大,然后打开电源开关 7,并调节电压调节旋钮 5 和 23,使从路和主路输出直流电压至需要的电压值,此时稳压状态指示灯 9 和 19 发光。

可调电源作为稳流源使用时,在打开电源开关 7 后,先将稳压调节旋钮 5 和 23 顺时

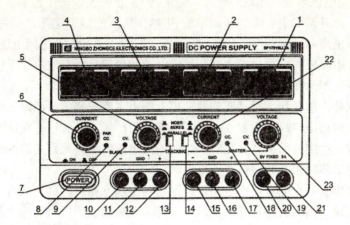

1—Voltage 主路电压输出。
2—Current 主路电流输出。
3—Voltage 从路电压输出。
4—Current 从路电流输出。
5—SLAVE 从路稳压输出电流调节旋钮。
6—SLAVE 从路稳流输出电流调节旋钮，即限流保护点调节。
7—POWER 电源开关。
8—SLAVE 从路稳流状态或二路电源并联状态指示灯：当从路电源处于稳流工作状态时或二路电源处于并联状态时，此指示灯亮。
9—SLAVE 从路稳压状态指示灯：当从路电源处于稳压工作状态时，此指示灯亮。
10—SLAVE 从路直流输出负接线柱：输出电压的负极，接负载负端。
11—SLAVE 机壳接地端。
12—SLAVE 从路直流输出正接线柱：输出电压的正极，接负载正端。
13—二路电源独立 INDEP、串联 SERIES、并联 PARALLEL 控制开关。
14—二路电源独立 INDEP、串联 SERIES、并联 PARALLEL 控制开关。
15—MASTER 主路直流输出负接线柱：输出电压的负极，接负载负端。
16—MASTER 机壳接地端。
17—MASTER 主路直流输出正接线柱：输出电压的正极，接负载正端。
18—MASTER 主路稳流状态指示灯：当主路电源处于稳流工作状态时，此指示灯亮。
19—MASTER 主路稳压状态指示灯：当主路电源处于稳压工作状态时，此指示灯亮。
20—固定 5V 直流电源输出负接线柱：输出电压负极，接负载负端。
21—固定 5V 直流电源输出正接线柱：输出电压正极，接负载正端。
22—MASTER 主路稳流输出电流调节旋钮，即限流保护点调节。
23—MASTER 主路稳压输出电流调节旋钮。

图 1.5.14 直流稳压电源前面板

针调节到最大，同时将稳流调节旋钮 6 和 22 反时针调节到最小，然后接上所需负载，再顺时针调节稳流调节旋钮 6 和 22，使输出电流至所需要的稳定电流值。此时稳压状态指示灯 9 和 19 熄灭，稳流状态指示灯 8 和 18 发光。

若电源只带一路负载时，为延长机器的使用寿命减少功率管的发热量，请使用在主路电源上。

(2)双路可调电源串联 SERIES 使用。首先将 13 开关置于按下位置,然后将 14 开关置于弹起位置,此时调节主电源电压调节旋钮 23,从路的输出电压严格跟踪主路输出电压。使输出电压最高可达两路电流的额定值之和(即端子 10 和 17 之间电压)。

在两路电源串联以前应先检查主路和从路电源的负端是否有联接片于接地端相联,如有则应将其断开,不然在两路电源串联时将造成从路电源的短路。

在两路电源处于串联状态时,两路的输出电压由主路控制但是两路的电流调节仍然是独立的。因此在两路串联时应注意 6 电流调节旋钮的位置,如旋钮 6 在反时针到底的位置或从路输出电流超过限流保护点,此时从路的输出电压将不再跟踪主路的输出电压。所以一般两路串联时应将旋钮 6 顺时针旋到最大。

在两路电源串联时,如有功率输出则应用与输出功率相对应的导线将主路的负端和从路的正端可靠短接。因为机器内部是通过一个开关短接的,所以当有功率输出时短接开关将通过输出电流。长此下去将无助于提高整机的可靠性。

(3)双路可调电源并联 PARALLEL 使用。首先将 13 和 14 开关分别置于按下位置,此时两路电源并联,调节主电源电压调节旋钮 23,两路输出电压一样。同时从路稳流指示灯 8 发光。

在两路电源处于并联状态时,从路电源的稳流调节旋钮 6 不起作用。当电源做稳流源使用时,只需调节主路的稳流调节旋钮 22,此时主、从路的输出电流均受其控制并相同。其输出电流最大可达二路输出电流之和。

在两路电源并联时,如有功率输出则应用与输出功率对应的导线分别将主、从电源的正端和正端、负端和负端可靠短接,以使负载可靠的接在两路输出的输出端子上。不然,如将负载只接在一路电源的输出端子上,将有可能造成两路电源输出电流的不平衡,同时也有可能造成串并联开关的损坏。

(4)电源的输出指示为三位半,如果要想得到更精确值,需在外电路用更精密测量仪器校准。

(5)本电源设有完善的保护功能,5V 电源具有可靠的限流和短路保护功能。两路可调电源具有限流保护功能,由于电路中设置了调整管功率损耗控制电路,因此当输出发生短路现象时,此时大功率调整管上的功率损耗并不是很大,完全不会对本电源造成任何损坏。

但是短路时本电源仍有功率损耗,为了减少不必要的机器老化和能源消耗,应尽早发现并关掉电源,将故障排除。输出空载时限流电位器逆时针旋足(调为 0 时)电源即进入非工作状态,其输出端可能有 1V 左右的电压显示,此属正常现象,非电源故障。

因电源使用不当或使用环境异常及机内元器件失效等均可能引起电源故障,当电源发生故障时,输出电压有可能超过额定输出最高电压,使用时务请注意,防止造成不必要的负载损坏。三芯电源线的保护接地端,必须可靠接地,以确保使用安全。

1.5.7 普源 DS1052E 数字示波器

DS1052E 型示波器将优异的技术指标及众多功能特性进行了完美的结合,如图 1.5.15 所示,用户能根据简单且功能明晰的前面板和直观的各通道标度及位置旋钮完成所有基本操作。为加速调整,便于测量,使用时可直接按 AUTO 键,立即获得适合的波形显现和挡位设置。除易于使用之外,示波器还具有更快完成测量任务所需要的高性能指标的强大功能。通过1GSa/s的实时采样和25GSa/s的等效采样，可在示波器上观察更快的信号。强大的触发和分析能力使其易于捕获和分析波形，清晰的液晶显示和数学运算功能，便于使用者更快更清晰地观察和分析信号问题。示波器示面板如图1.5.16所示。

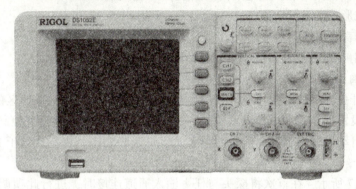

图1.5.15　普源数字示波器

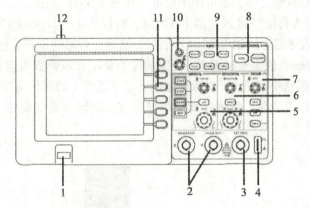

1—USB接口。

2—CH1、CH2信号输入通道。

3—EXT TRIG外部触发输入。

4—探头补偿。

5—VERTICAL垂直控制区。

6—HORIZONTAL水平控制区。

7—TRIGGER触发控制区。

8—RUN CONTROL控制按钮区。

9—MENU功能按钮区。

10—多功能旋钮。

11—显示屏菜单操作键。

12—电源开关。

图1.5.16　示波器示面板

1. 技术参数

(1)50MHz带宽双模拟通道。

(2)320×234分辨率高清晰彩色液晶显示系统。

(3)即插即用闪存式 USB 存储设备,外接打印机或软件升级。

(4)自动波形、状态设置。

(5)实用的数字滤波器,包含 LPF,HPF,BPF,BRF。

(6)Pass/Fail 检测功能,光电隔离的 Pass/Fail 输出端口。

(7)多重波形数学运算功能。

(8)多国语言弹出式菜单显示。

(9)自动测量 20 种波形参数、自动光标跟踪测量、波形录制和回放。

2. 波形显示的自动设置

打开电源开关,将被测信号连接到信号输入通道后,按下控制按钮区的 AUTO 按钮,示波器将自动设置垂直、水平和触发控制。如需要,也可手工调整这些控制使波形显示达到最佳。应用自动设置要求被测信号的频率大于或等于 50Hz,占空比大于 1%。

3. 探头补偿

如图 1.5.17 所示,在首次将探头与任一输入通道连接时,进行此项调节,使探头与输入通道相配,未经补偿或补偿偏差的探头会导致测量误差或错误,探头补偿连接器输出的信号仅作探头补偿调整之用,不可用于校准。如图 1.5.18 所示。

(1)用示波器探头将信号接入通道 1(CH1),将探头上的开关设定为 10X,再将探头连接器上的插槽插入通道 1 同轴电缆 BNC 插口,然后向右旋转以拧紧探头。

(2)设置示波器输入探头衰减系数(默认的探头菜单衰减系数设定值为 1X)。通过垂直控制区的 CH1 按钮选中通道 1,显示屏右侧会显示通道 1 的操作菜单,按一下第三个菜单操作键,执行"探头"命令。继续按此菜单操作键或旋转多功能旋钮,选择 10X 比例的衰减系数。

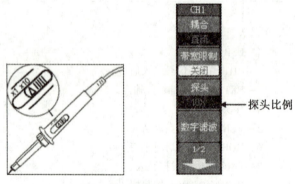

图 1.5.17 探头系数设定

(3)把探头端部和接地夹接到探头补偿器的连接器上。按一下控制按钮区的 AUTO 按钮,在几秒钟内,就可见到方波显示,最后按垂直控制区的 OFF 按钮或再次按下垂直控制区的 CH1 按钮均可关闭通道 1。

(4)以同样的方法设置通道 2。

4. VERTICAL 垂直控制区(见图 1.5.19)

(1)CH1 按钮,通道 1。

(2)CH2 按钮,通道 2。

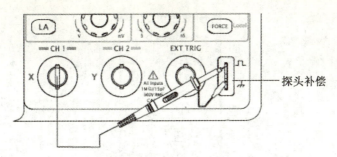

图 1.5.18 探头补偿连接

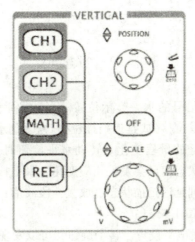

图 1.5.19 垂直控制区

(3) MATH 按钮,数学运算,显示 CH1、CH2 通道波形相加、相减、相乘以及 FFT 运算的结果。

(4) REF 按钮,波形存储,在实际测试过程中,用 DS1052E 示波器测量观察有关组件的波形,可以把波形和参考波形样板进行比较,从而判断故障原因。此方法在具有详尽电路工作点的参考波形条件下尤为适用。

(5) OFF 按钮,关闭 CH1、CH2、MATH、REF 等按钮在显示屏上的操作菜单。

(6) POSITION 旋钮控制信号的垂直显示位置。当转动垂直旋钮时,波形垂直上下移动,若按下该旋钮可以将相应通道垂直显示位置恢复到零点。如果通道耦合方式为 DC,则可以通过观察波形与信号地之间的差距来快速测量信号的直流分量;如果耦合方式为 AC,信号里面的直流分量被滤除,这种方式方便您用更高的灵敏度显示信号的交流分量。

(7) SCALE 旋钮控制信号的量程变化。当转动垂直旋钮时,改变 Volt/div(伏/格)垂直挡位,波形和挡位对应通道的状态信息会发生相应变化,若按下该旋钮可以改变输入通道 Coarse(粗调)或 Fine(微调)的量程状态。

5. HORIZONTAL 水平控制区(见图 1.5.20)

(1) MENU 按钮,显示扫描速度 TIME 菜单。在此菜单下,可以开启/关闭延迟扫描或切换 Y-T、X-Y 和 ROLL 模式,还可以设置水平触发位移复位。

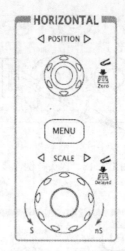

图 1.5.20 水平控制区

(2)POSITION 旋钮控制信号的水平显示位置。当转动垂直旋钮时,波形水平左右移动,若按下该旋钮可以将触发位移(或延迟扫描位移)恢复到水平零点处。

(3)SCALE 旋钮控制信号的量程变化。转动水平旋钮时,改变 s/div(秒/格)水平挡位,波形和挡位对应通道的状态信息会发生相应变化,水平扫描速度以 1、2、5 的形式步进。若按下该旋钮可以切换到延迟扫描状态,放大一段波形,以便查看图像细节。

6. TRIGGER 触发控制区(见图 1.5.21)

(1)LEVEL 旋钮改变触发电平设置。转动旋钮,可以发现显示屏上出现一条桔红色的触发线以及触发标志,随旋钮转动而上下移动,停止转动旋钮后,触发线和触发标志会在约 5 秒后消失。在移动触发线的同时,可以观察到在显示屏上触发电平的数值发生了变化,若按下该旋钮可以将触发电平恢复到零点。

(2)MENU 按钮,触发操作菜单。

(3)50%按钮,设定触发电平在触发信号幅值的垂直中点。

(4)FORCE 按钮,强制产生一个触发信号,主要应用于触发方式中的"普通"和"单次"模式。

7. RUN CONTROL 控制按钮区

(1)AUTO 按钮,自动设置,根据信号值大小自动调整垂直、水平和触发基准位参数,并能回到自动连续触发波形的模式,使波形以合适的大小显示出来。

(2)RUN/STOP 按钮,抓取某一时刻波形并使之不动。

8. MENU 功能按钮区

(1)Measure 按钮,自动测量功能,显示屏左侧显示相应测量功能菜单。

(2)Acquire 按钮,采样功能,显示屏左侧显示相应采样功能菜单。

(3)Storage 按钮,存储功能,显示屏左侧显示相应存储功能菜单,此按钮还可以进行恢复示波器出厂设置的相关操作。

(4)Cursor 按钮,光标测量功能,开启后有手动、追踪、自动测量三种模式。

(5)Display 按钮,显示屏设置,可以在显示屏左侧显示相应功能菜单中调整显示类

图1.5.21 触发控制区

型、波形保持时间和亮度,显示屏网格大小和亮度,显示屏菜单保持时间等。

(6)Utility按钮,应用程序功能表,显示屏左侧显示相应功能菜单。其中包含接口、声音、频率计、语言选择、打印、录制波形、测试、参数设置、版本、生产模式和键盘锁定等功能和信息。

9. 恢复出厂设置

在接通电源后,仪器会执行所有自检项目,当自检通过后,按功能按钮区的Storage按钮,用菜单操作键在显示屏右侧的存储功能菜单中选择"存储类型",再选择"出厂设置",最后执行"调出"命令即可。

10. 示波器使用案例

(1)观测电路中一个未知信号,迅速显示和测量信号的峰峰值和频率。

①首先将探头上的开关设定为10X,再将探头菜单衰减系数设定为10X,把通道1的探头连接到电路被测点。然后按下控制按钮区的AUTO按钮,示波器将自动设置使波形显示达到最佳。如有需求,可以进一步调节垂直、水平挡位,直至波形的显示达到最佳情况。

②测量峰峰值:首先按下功能按钮区的"Measure"按钮以显示自动测量菜单,用菜单操作键在显示屏右侧的自动测量功能菜单中选择信源"CH1"和"电压测量"选项,然后在"电压测量"弹出菜单中选择测量参数"峰峰值",屏幕左下角就会显示出相应数据。

③测量频率:在显示屏右侧的自动测量功能菜单中选择信源"CH1"和"时间测量"选项,然后在"时间测量"弹出菜单中选择测量参数"频率",屏幕左下角就会显示出相应数据。

(2)观察正弦波信号通过电路产生的延迟和畸变。

①首先将探头上的开关设定为10X,再将探头菜单衰减系数设定为10X,把示波器CH1通道与电路信号输入端相接,CH2通道则与输出端相接。

②按下控制按钮区的AUTO按钮,得到一个系统给的最佳波形,然后继续调整水平、

垂直挡位直至波形显示测试要求。按下垂直控制区 CH1 按键选择通道 1，并旋转 POSI-TION 旋钮调整通道 1 波形的垂直位置。接着按 CH2 按键选择通道 2，旋转 POSITION 旋钮调整通道 2 波形的垂直位置，使通道 1、2 的波形既不重叠在一起，又利于观察比较。

③按下功能按钮区"Measure"按钮显示自动测量菜单，在显示屏右侧的自动测量功能菜单中选择信源"CH1"和"时间测量"选项，然后在"时间测量"弹出菜单中选择测量参数"延迟 1->2"，观察波形的变化，波形如图 1.5.22 所示。

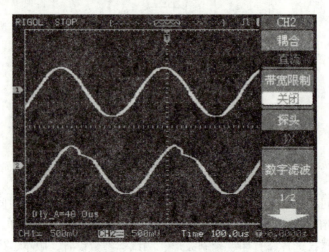

图 1.5.22 波形畸变示意图

(3) 减少信号上的随机噪声

①如果被测试的信号上叠加了随机噪声，您可以通过调整本示波器的设置，滤除或减小噪声，避免其在测量中对本体信号的干扰，波形如图 1.5.23 所示。

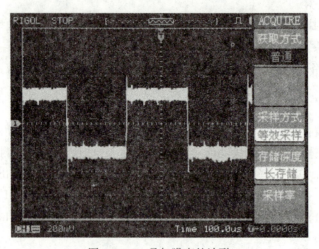

图 1.5.23 叠加噪声的波形

②首先将探头上的开关设定为 10X，再将探头菜单衰减系数设定为 10X，把通道 1 的探头连接到电路被测点。然后按下控制按钮区的 AUTO 按钮，示波器将自动设置使波形显

示达到最佳。如有需求,可以进一步调节垂直、水平挡位,直至波形的显示达到最佳情况。

③按下触发控制区 MENU 按钮,在显示屏右侧的触发操作菜单中选择"触发设置"选项,然后在"耦合"弹出菜单中选择测量参数"低频抑制"或"高频抑制"。低频抑制的作用是设定高通滤波器,可滤除 8kHz 以下的低频信号分量,允许高频信号分量通过;高频抑制的作用是设定低通滤波器,可滤除 150kHz 以上的高频信号分量(如 FM 广播信号),允许低频信号分量通过。通过设置"低频抑制"或"高频抑制"可以分别抑制低频或高频噪声,以得到稳定的触发。

④如果被测信号上叠加了随机噪声,导致波形过粗。可以应用平均采样方式,去除随机噪声的显示,使波形变细,便于观察和测量。但是,使用平均采样方式会使波形显示更新速度变慢,这是正常现象。取平均值后随机噪声被减小而信号的细节更易观察,减少显示噪声也可以通过减低波形亮度来实现。

操作步骤:按下功能按钮区的"Acquire"按钮,在显示屏右侧的触发操作菜单中选择"获取方式"选项,然后在弹出菜单中选择测量参数"平均",然后转动多功能旋钮调整平均次数,依次由 2 至 256 以倍数步进,直至波形的显示满足观察和测试要求,如图 1.5.24 所示。

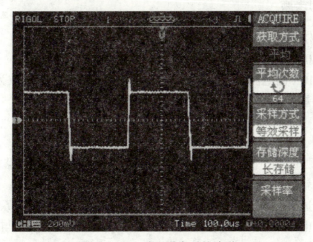

图 1.5.24 减少噪声后的波形

第 2 章 电路原理实验

2.1 基本电工仪表的使用与测量误差的计算

2.1.1 实验目的

(1) 熟悉实验台上各类测量仪表布局。
(2) 熟悉实验台上各类电源布局及使用方法。
(3) 掌握电压表、电流表内阻的测量方法。
(4) 熟悉电工仪表测量误差的计算方法。

2.1.2 实验预习思考题

(1) 根据实验内容 1 和 2,若已求出 0.5mA 挡和 2.5V 挡的内阻,则可否通过直接计算得出 5mA 挡和 10V 挡的内阻?

(2) 当量程为 10A 的电流表测量实际值为 8A 的电流时,实际读数为 8.1A,求测量的绝对误差和相对误差。

2.1.3 实验原理

(1) 为了准确测量电路中实际的电压和电流,应保证仪表接入电路后不会改变被测电路的工作状态,这就要求电压表的内阻为无穷大,电流表的内阻为 0。而实际使用的电工仪表都不能满足上述要求。因此,测量仪表一旦接入电路,就会改变原有的工作状态,导致仪表的读数值与电路原有的实际值之间出现误差,测量误差的大小与仪表本身内阻的大小有关。

(2) 本实验中测量电流表的内阻采用分流法,如图 2.1.1 所示。

A 为具有被测内阻 R_A 的直流电流表,测量时先断开开关 S,调节电流源的输出电流 I 使 A 表指针满偏转;然后合上开关 S,并保持 I 的值不变,调节电阻箱 R_B 的阻值,使电流表的指针在 1/2 满偏转位置,此时有

$$I_A = I_S = \frac{I}{2}$$

因此

$$R_A = R_B // R_1$$

R_1 为固定电阻器之阻值,R_B 由可调电阻箱的刻度盘上读得。R_1 与 R_B 并联,且 R_1 选用小阻值电阻,R_B 选用较大阻值电阻,则阻值调节可比单只电阻箱更为平滑。

(3) 用分压法测量电压表的内阻。如图 2.1.2 所示。V 为具有被测内阻 R_V 的电压表。

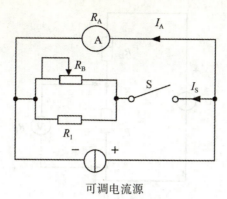

可调电流源

图 2.1.1 内阻法测电流表的内阻

测量时先将开关 S 闭合，调节直流稳压电源的输出电压，使电压表 V 的指针为满偏转。然后断开开关 S 调节 R_B 使电压表 V 的指示值减半。

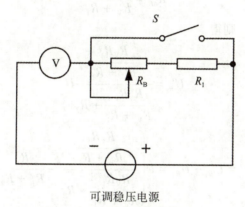

可调稳压电源

图 2.1.2 分压法测电表的内阻

此时有

$$R_V = R_B + R_1$$

电压表的灵敏度为

$$S = R_V/U\,(\Omega/V)。$$

式中，U 为电压表满偏时的电压值。

(4) 仪表内阻引入的测量误差（通常称为方法误差，而仪表本身结构引起的误差称为基本误差）的计算。

以图 2.1.3 所示电路为例，R_1 上的电压为

$$U_{R_1} = \frac{R_1}{R_1 + R_2} U$$

若 $R_1 = R_2$，则 $U_{R_1} = \frac{1}{2} U$

现用一内阻为 R_V 的电压表来测量 U_{R_1} 的值，当 R_V 与 R_1 并联后，有

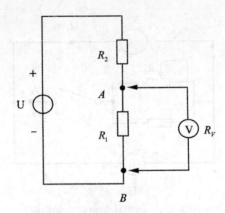

可调稳压电源

图 2.1.3　仪表内阻引入的测量误差实验电路

$$R_{AB} = \frac{R_V R_1}{R_V + R_1}$$

以此来代替上式中的 R_1，则得

$$U'_{R_1} = \frac{\dfrac{R_V R_1}{R_V + R_1}}{\dfrac{R_V R_1}{R_V + R_1} + R_2} U$$

绝对误差为

$$\Delta U = U'_{R_1} - U_{R_1} = U \left(\frac{\dfrac{R_V R_1}{R_V + R_1}}{\dfrac{R_V R_1}{R_V + R_1} + R_2} - \frac{R_1}{R_1 + R_2} \right)$$

化简后得

$$\Delta U = \frac{-R_1^2 R_2 U}{R_V(R_1^2 + 2R_1 R_2 + R_2^2) + R_1 R_2 (R_1 + R_2)}$$

若 $R_1 = R_2 = R_V$，则得 $\Delta U = -U/6$

相对误差

$$\Delta U = \frac{U'_{R_1} - U_{R_1}}{U_{R_1}} \times 100\% = \frac{-U/6}{U/2} \times 100\% = -33.3\%$$

由此可见，当电压表的内阻与被测电路的电阻相近时，测量误差是非常大的。

2.1.4　实验设备

表 2.1.1　　　　　　　　　　　实 验 设 备

名　称	参考型号	数　量	用途
可调直流稳压电源	0~30V	1	提供电压源
可调恒流源	0~200mA	1	测电路电流
指针式万用表		1	测元件的电压、电流

续表

名　称	参考型号	数量	用途
可调电阻箱	0~9999.9Ω	1	
电阻器			

2.1.5　实验内容

(1)根据分流法原理测定指针式万用表直流电流 0.5mA 和 5mA 挡量程的内阻,电路如图 2.1.1 所示。实验内容如表 2.1.2 所示。

表 2.1.2　　　　　　　　　　分流法实验内容

被测电流表量程 (mA)	S 断开时的 I_A (mA)	S 闭合时 I'_A (mA)	R_B (Ω)	R_1 (Ω)	计算内阻 R_A (Ω)
0.5					
5					

(2)根据分压法原理测定万用表直流电压 2.5V 和 10V 挡量程的内阻,电路图如图 2.1.2 所示。实验内容如表 2.1.3 所示。

表 2.1.3　　　　　　　　　　分压法实验内容

被测电压表量程 (V)	S 闭合时 表读数 (V)	S 断开时 表读数 (V)	R_B (kΩ)	R_1 (kΩ)	计算内阻 R_A (kΩ)	S (Ω/V)
2.5						
10						

(3)用万用表直流电压 10V 挡量程测量图 2.1.3 所示电路中 R_1 上的电压 U_{R1} 之值,并计算测量的绝对误差与相对误差。实验内容如表 2.1.4 所示。

表 2.1.4　　　　　　　　　　实验内容

U (V)	R_2 (kΩ)	R_1 (kΩ)	R_{25V} (kΩ)	计算值 U_{R1}(V)	实测值 U'_{R1}(V)	绝对误差 ΔU	相对误差 $\dfrac{\Delta U}{U} \times 100\%$
20	10	20					

2.1.6　实验注意事项

(1)当恒流源输出端接有负载时,如果需要将其粗调旋钮由低挡位向高挡位切换时,必须先将其细调旋钮调至最小。否则输出电流会突增，可能会损坏外接器件。

（2）电压表与被测电路并联，电流表与被测电路串联，并且都要注意正、负极性与量程的合理选择。

（3）实验内容1、2中，R_1的取值应与R_B相近。

（4）稳压电源的输出不允许短路，恒流源的输出不允许开路。

2.1.7　实验报告

（1）列表记录实验数据，并计算各被测仪表的内阻。

（2）计算实验内容3的绝对误差与相对误差。

（3）对思考题进行计算。

（4）心得体会及其他。

2.2　电路元件伏安特性的测绘

2.2.1　实验目的

（1）掌握线性电阻、非线性电阻元件伏安特性的逐点测试法。

（2）掌握万用表、直流稳压电源的使用方法。

（3）熟悉电路原理实验箱的结构。

（4）学会识别常用电路元件的方法。

2.2.2　实验预习要求

（1）线性电阻与非线性电阻的概念是什么？电阻器与二极管的伏安特性有何区别？

（2）假设某器件伏安特性曲线的函数为$I=f(U)$，试问在逐点绘制曲线时，其坐标变量应如何设置？

（3）稳压二极管与普通二极管有何区别，有哪些用途？

2.2.3　实验原理

元件的伏安特性：

任何一个二端元件的特性可用该元件上的端电压U与通过该元件的电流I之间的函数关系$I=f(U)$来表示，即用I-U平面的一条曲线来表示，这条曲线称为该元件的伏安特性曲线。

（1）线性电阻的伏安特性曲线是一条通过坐标原点的直线，如图2.2.1中a曲线所示，该直线的斜率为该电阻元件的电导值。

（2）一般的白炽灯在工作时灯丝处于高温状态，其灯丝电阻随着温度的升高而增大，通过白炽灯的电流越大，其温度越高，阻值也越大，一般灯泡的"冷电阻"与"热电阻"的阻值可相差几倍至十几倍，所以它的伏安特性如图2.2.1中的b曲线所示。

（3）一般的半导体二极管是一个非线性电阻元件，其特性如图2.2.1中c曲线。正向压降很小（一般锗管为$0.2\sim0.3V$，硅管为$0.5\sim0.7V$），正向电压刚开始增加时其正向电流增加很小，随正向压降的升高而急骤上升，而反向电压从零一直增加到十几至几十伏是

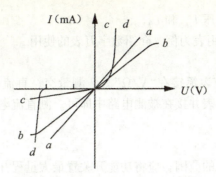

图 2.2.1　线性电阻器的伏安特性曲线

其反向电流增加很小,可视为零。可见二极管具有单向导电性,但反向电压加得过高,超过管子的极限值,则会导致管子击穿损坏。

(4)稳压二极管是一种特殊的半导体二极管,其正向特性与普通二极管类似,但反向特性较特别,如图 2.2.1 中 d 曲线。在反向电压开始增加时,其反向电流几乎为零,但当反向电压增加到某一数值时(称为管子的稳压值),电流将突然增加,以后它的端电压维持不变,不再随外加的反向电压升高而增大。

2.2.4　实验设备(表 2.2.1)

表 2.2.1　　　　　　　　　　实　验　设　备

名　　称	参考型号	数　量	用途
可调直流稳压电源	0~30V	1	提供电压源
直流数字毫安表		1	测电路电流
万　用　表		1	测元件的电压
白　炽　灯	12V、0.1A	1	
二　极　管	IN4007	1	
稳　压　管	2CW51	1	
线　性　电　阻	200Ω/2W、1kΩ	2	

2.2.5　实验内容与步骤

1. 万用表的使用

万用表分指针式和数字显示式两大类,它们的基本用途是:测量电阻;测量交流、直流电压;测量直流电流。

万用表可测正弦量的频率范围为 45~1000HZ。有些万用表还可以测交流电流、晶体管 h 参数、电平、电感和电容等。

数字万用表是在直流数字电压表的基础上扩展而成的。在直流电压表的基础上,测电流时,先经过 I-V 转换器(分流电阻)将电流转换为电压(交流电流还经过 AC-DC 转换成直流电压)。测量电阻时,经串联 Ω-V 转换器(基准电阻 R_0 和被测电阻 R_X 后),由内部电池

39

提供的电流通过其中产生电压 U_{RO} 和 U_{RX}。

现以 DT9208 型数字万用表为例，介绍数字万表的使用。

(1) 电压测量

黑表笔接在"COM"，红表笔接在"V/Ω"处。测量交、直流电压时，将能开关拨到相应的交流或直流电压挡，将表并接在被测电路中即可。测直流电压时，在显示电压值的同时还显示红表笔的极性。

注意：

① 如果使用前不知电压的范围，应将功能开关置最大量程并逐渐减小。

② 如果显示器只显示"1"，表示超过量程，功能开关应置于更高量程。

③ 若所测为直流电压，最大不得超过 1000V；若所测为交流电压，最大不得超过 700V(有效值)。

(2) 电流测量。

测量交、直流电流时，黑表笔接在"COM"，红表笔接在"mA"(测量小于 2A 的电流时)或"20A"(测量电流小于 20A)处。将功能开关拨到相应的交流或直流电流挡，将表串接在被测电路中即可。测直流电流时，在显示电流值的同时还显示红表笔的极性。

① 如果使用前不知电流的范围，应将功能开关置最大量程，并逐渐减小。

② 如果显示器只显"1"，表示超过量程，功能开关应置于更高量程。

③ 最大输入电流为 2A 或 20A 取决于所用的插孔，过载将烧坏保险丝，20A 量程没有保险丝保护。

(3) 电阻测量。

黑表笔接在"COM"，红表笔接在"V/Ω"处。功能开关置于"Ω"，此时红表笔极性为正。将两表笔置于被测电阻两端即可。

① 如果被测电阻值超过所选量程，将显示"1"，应选择更高量程。

② 当输入端开路时，显示"1"。

③ 当检查内部线路阻抗时，要保证被测线路所有电源断开，所有电容放电。

(4) 二极管的测试。

黑表笔接在"COM"处，红表笔接在"V/Ω"处。将功能开关拨到"→"档，一个好的二极管正向连接时显示为 0.5~0.8V(硅管)，反向连接时显示为"1"。若正反向连接均显示"1"，表示二极管已开路，若正反向连接均显示"000"，则表示二极管已短路。

2. 直流稳压电源的使用

输入 220V、50HZ 交流电，输出为大小可分段或无级连续可调节的稳定的直流电压。直流稳压电源有单路和双路输出两种。所谓双路输出，是指其输出端有 3 个端钮，中间端钮为公共地端，两侧端钮相对地端分别为"+"和"-"端。使用时先将输出旋钮置于最小输出位置(逆时针旋到底)，然后再接通电源。使用完毕应关掉电源然后拆线。使用时，输出端且不可短路，或外接负载电阻(或阻抗)很小而使负载电流超过仪器所允许的极限电流值，否则都会导致仪器损坏。此即所谓"源不可短路"。最好是先接负载，然后再开启稳压电源，待输出电压稳定后，再开始实验工作。

3. 测定线性电阻的伏安特性

按图 2.2.2 接线，调节直流稳压电源的输出电压 U，从 0V 开始缓慢地增加，一直到 10V，用万用表直流电压挡测 R 两端的电压 U_R，用万用表直流电流挡测 R 两端的电流 I_R，分别记入表 2.2.2 中。

4. 测定非线性白炽灯泡的伏安特性

只要将图 2.2.2 中的电阻 R 换成一只 12V、0.1A 的灯泡，重复步骤三的操作，用万用表直流挡测 U_L 灯泡两端电压。

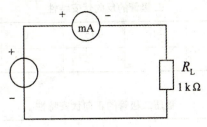

图 2.2.2　测定线性电阻器的伏安特性

5. 测定半导体二极管的伏安特性

按图 2.2.3 接线，R 为限流电阻，测二极管 D 的正向特性时，其正向电流不超过 25mA，正向压降可在 0~0.75V 之间取值，特别是在 0.5~0.75 之间更应该多取几个测量点。作反向特性实验时，只需要将图 2.2.3 中的二极管 D 反接，且其反向电压可加到 30V 左右。用万用表直流电压挡测二极管两端的电压 U_D，用万用表直流电流挡测量流过二极管的电流 I_D，分别记入相应的数据表中。

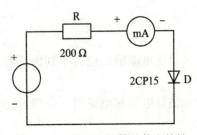

图 2.2.3　测定二极管的伏安特性

6. 测定稳压二极管的伏安特性

将图 2.2.3 中的二极管换成稳压二极管，重复实验内容的测量。

表 2.2.2　　　　　　　　　　　　**线性电阻的伏安特性**

U_R(V)	0	2	4	6	8	10
I(mA)						

表 2.2.3　　　　　　　　　　　　**非线性白炽灯泡的伏安特性**

U_L(V)	0.1	0.5	1	2	3	4	5
I(mA)							

表 2.2.4　　　　　　　　　　二极管的正向伏安特性

U_{D+}(V)	0	0.2	0.4	0.5	0.55	0.6	0.65	0.7	0.75
I(mA)									

表 2.2.5　　　　　　　　　　二极管的反向伏安特性

U_{D-}(V)	0	−5	−10	−15	−20	−25	−30
I(mA)							

表 2.2.6　　　　　　　　　稳压二极管的正向伏安特性

U_{Z+}(V)	0	0.2	0.4	0.5	0.55	0.6	0.65	0.7	0.75
I(mA)									

表 2.2.7　　　　　　　　　稳压二极管的反向伏安特性

U_O(V)	0	1	3	5	7	9	10
U_{Z-}(V)							
I(mA)							

2.2.6　实验注意事项

（1）测二极管正向特性时，稳压电源输出应由小到大逐渐增加，并且应时刻注意电流表读数不得超过 25mA。

（2）进行不同实验时，应先估算电压和电流值，合理选择仪表的量程，勿使仪表超量程，仪表的极性亦不能接错。

2.2.7　实验报告

（1）根据各实验结果数据，分别在方格纸上绘制出光滑的伏安特性曲线（其中二极管和稳压管的正、反向特性均要求画在同一张纸中，正、反向电压可取不同的比例尺）。

（2）根据实验结果，总结、归纳被测各元件的特性。

（3）必要的误差分析。

（4）心得体会及其他。

2.3　电位、电压的测定及电路电位图的绘制

2.3.1　实验目的

（1）验证电路中电位的相对性、电压的绝对性。

（2）掌握电路电位图的绘制方法。

2.3.2 实验预习思考题

若以图 2.3.1 中 F 点为参考电位点，实验测得各点的电位值为多少？现令图 2.3.1 中 E 点为参考电位点，试问：此时各点的电位值应有何变化？

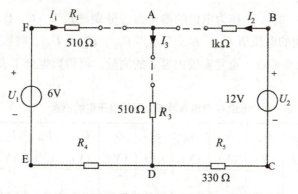

图 2.3.1 实验电路图

2.3.3 实验原理

在一个闭合电路中，各点电位的高低视所选的电位参考点的不同而变，但任意两点间的电位差(即电压)则是绝对的，它不因参考点的变动而改变。

电位图是一种平面坐标之一、四两象限内的折线图。其纵坐标为电位值，横坐标为各被测点。要制作某一电路的电位图，先以一定的顺序对电路中各被测点编号。以实验电路图为例，如图 2.3.1 中的 A～F，并在坐标横轴上按顺序、均匀间隔标上 A、B、C、D、E、F、A。再根据测得的各点电位值，在各点所在的垂直线上描点。用直线依次连接相邻两个电位点，即得该电路的电位图。

在电位图中，任意两个被测点的纵坐标值之差即为该两点之间的电压值。

在电路中电位参考点可任意选定。对于不同的参考点，所绘出的电位图形是不同的，但其各点电位变化的规律却是一样的。

2.3.4 实验设备(表 2.3.1)

表 2.3.1　　　　　　　　　　　实 验 设 备

名称	参考型号	数量	用途
直流可调稳压电源	0~30V	1	提供直流电压
万用表		1	
直流数字电压表	0~200V	1	
电位、电压测定实验电路板		1	

2.3.5 实验内容

利用实验箱上的"基尔霍夫定律/叠加原理"线路,按图 2.3.1 接线。

(1)分别将两路直流稳压电源接入电路,令 $U_1 = 6V$,$U_2 = 12V$。(先调准输出电压值,再接入实验线路中。)

(2)以图 2.3.1 中的 A 点作为电位的参考点,分别测量 B、C、D、E、F 各点的电位值 ϕ 及相邻两点之间的电压值 U_{AB}、U_{BC}、U_{CD}、U_{DE}、U_{EF} 及 U_{FA},将数据列于表 1.3.2 中。

(3)以 D 点作为参考点,重复实验内容 2 的测量,测得数据列于表 2.3.2 中。

表 2.3.2　　　　　　　电位 ϕ 与相邻两点之间的电压值的测量

电位参考点	ϕ 与 U	ϕ_A (V)	ϕ_B (V)	ϕ_C (V)	ϕ_D (V)	ϕ_E (V)	ϕ_F (V)	U_{AB} (V)	U_{BC} (V)	U_{CD} (V)	U_{DE} (V)	U_{EF} (V)	U_{FA} (V)
A	计算值												
A	测量值												
A	相对误差												
D	计算值												
D	测量值												
D	相对误差												

2.3.6 实验注意事项

(1)实验线路板系多个实验通用,本次实验中不使用电流插头。DG05 上的 K3 应拨向 330Ω 侧,三个故障按键均不得按下。

(2)测量电位时,用指针式万用表的直流电压挡或用数字直流电压表测量时,用负表棒(黑色)接参考电位点,用正表棒(红色)接被测各点。若指针正向偏转或数显表显示正值,则表明该点电位为正(即高于参考点电位);若指针反向偏转或数显表显示负值,此时应调换万用表的表棒,然后读出数值,此时在电位值之前应加一负号(表明该点电位低于参考点电位)。数显表也可不调换表棒,直接读出负值。

2.3.7 实验报告

(1)根据实验数据,绘制两个电位图形,并对照观察各对应两点间的电压情况。两个电位图的参考点不同,但各点的相对顺序应一致,以便对照。

(2)完成数据表格中的计算,对误差作必要的分析。

(3)总结电位相对性和电压绝对性的结论。

(4)心得体会及其他。

2.4 基尔霍夫定律的验证

2.4.1 实验目的

(1)验证基尔霍夫定律的正确性,加深对基尔霍夫定律的理解。
(2)学会用电流插头、插座测量各支路电流。

2.4.2 实验预习思考题

(1)根据图2.4.1的电路参数,计算出待测的电流I_1、I_2、I_3和各电阻上的电压值,记入表中,以便实验测量时,可正确地选定毫安表和电压表的量程。

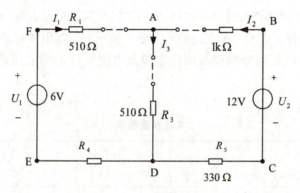

图 2.4.1　实验电路图

(2)实验中,若用指针式万用表直流毫安挡测各支路电流,在什么情况下可能出现指针反偏,应如何处理?在记录数据时应注意什么?若用直流数字毫安表进行测量时,则会有什么显示呢?

2.4.3 实验原理

基尔霍夫定律是电路的基本定律。测量某电路的各支路电流及每个元件两端的电压,应能分别满足基尔霍夫电流定律(KCL)和电压定律(kVL)。即对电路中的任一个节点而言,应有 $\sum I = 0$;对任何一个闭合回路而言,应有 $\sum U = 0$。

运用上述定律时必须注意各支路或闭合回路中电流的参考方向,此方向可预先任意设定。

2.4.4 实验设备(表2.4.1)

表2.4.1　　　　　　　　　　实 验 设 备

名称	参考型号	数量	用途
直流可调稳压电源	0~30V	1	提供直流电压
万用表		1	

名称	参考型号	数量	用途
直流数字电压表	0~200V	1	
电位、电压测定实验电路板		1	

2.4.5 实验内容

实验线路与实验 2.3 中图 2.4.1 相同，用实验箱的"基尔霍夫定律/叠加原理"线路。

(1)实验前先任意设定三条支路和三个闭合回路的电流参考方向。图中的 I_1、I_2、I_3 的参考方向已设定。三个闭合回路的电流参考方向可设为 ADEFA、BADCB 和 FBCEF。

(2)分别将两路直流稳压电源接入电路，令 $U_1 = 6V$，$U_2 = 12V$。

(3)熟悉电流插头的结构，将电流插头的两端接至数字毫安表的"+"、"−"两端。

(4)将电流插头分别插入三条支路的三个电流插座中，读出并记录电流值。

(5)用直流数字电压表分别测量两路电源及电阻元件上的电压值，并填入表 2.4.2 中。

表 2.4.2　　　　　　　　　实验测量数据

被测量	I_1（mA）	I_2（mA）	I_3（mA）	U_1（V）	U_2（V）	U_{FA}（V）	U_{AB}（V）	U_{AD}（V）	U_{CD}（V）	U_{DE}（V）
计算值										
测量值										
相对误差										

2.4.6 实验注意事项

(1)同实验 2.3 的注意事项(1)，但需用到电流插座。

(2)所有需要测量的电压值，均以电压表测量的读数为准。U_1、U_2 也需测量，不应取电源本身的显示值。

(3)防止稳压电源两个输出端碰线短路。

(4)用指针式电压表或电流表测量电压或电流时，如果仪表指针反偏，则必须调换仪表极型，重新测量。此时指针正偏，可读得电压或电流值。若用数显电压表或电流表测量，则可直接读出电压或电流值。但应注意：所读得的电压或电流值的正确正、负号应根据设定的电流参考方向来判断。

2.4.7 实验报告

(1)根据实验数据，选定节点 A，验证 KCL 的正确性。

(2)根据实验数据，选定实验电路中的任意一个闭合回路，验证 KVL 的正确性。

(3)将支路和闭合回路的电流方向重新设定,重复(1)、(2)两项验证。
(4)误差原因分析。
(5)心得体会及其他。

2.5 叠加原理的验证

2.5.1 实验目的

(1)验证线性电路叠加原理的正确性,加深对线性电路叠加性、齐次性的理解。
(2)熟悉万用表、直流数字毫安表及直流稳压电源的使用方法。

2.5.2 实验预习思考题

(1)在叠加原理的实验中,要令 U_1、U_2 分别单独作用,应如何操作?可否直接将不作用的电源(U_1 或 U_2)短接?
(2)实验电路中,若有一个电阻器改为二极管,试问叠加原理的叠加性与齐次性还成立吗?为什么?

2.5.3 实验原理

叠加原理指出,在线性电路中,如果有多个电源同时作用,则任何一条支路中的电流(或电压)都可以看成是由电路中的各个电源(电压源或电流源)分别作用时,在此支路上所产生的电流(或电压)分量的代数和,如图 2.5.1 所示。

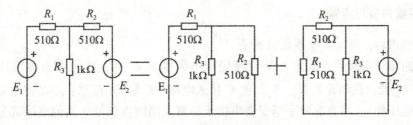

图 2.5.1 叠加原理图示

所谓电路中只有一个电源单独作用,就是假设将电路中的其余电源为零(理想电压源短路;理想电流源开路。)均除去但其内阻仍应考虑。本实验所用电压源内阻极小,可忽略不计。实验电路及实验板布置如图 2.5.2 所示。

实验电路面板图中,E_1、E_2 是外接直流稳压电源的输入点,K_1、K_2 为双联开关,当 K_1(或 K_2)拨向"1"位置时,E_1(或 E_2)被短路;K_1(或 K_2)拨向"2"位置时,E_1(或 E_2)接入电路。图 2.5.2 中的虚线表示印刷电路板上未连通,须用导线连接或串入电流表测量支路电流。

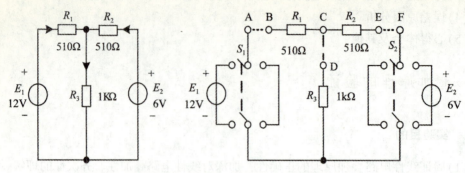

图 2.5.2 实验原理电路及实验板布置图

2.5.4 实验设备(表 2.5.1)

表 2.5.1　　　　　　　　　　实 验 设 备

名称	参考型号	数量	用途
可调直流稳压电源	0~30V	1	提供直流电压
直流稳压电源	12V	1	提供直流电压
万用表		1	测元件电压
直流数字毫安表	0~200mA	1	测电路电流
叠加原理实验电路板		1	

2.5.5 实验内容与步骤

1. E_1 单独作用时,电路各项参数的测量

将电路原理实验箱上固定 12V 直流稳压电源接至 E_1 处；将可调直流稳压电源调至 6V,接至 E_2 处。拨动开关 K_1、K_2,使 E_1 接入电路、E_2 短路(注意：不是将电源短路,否则将烧坏电压源)。将直流数字毫安表串接于待测支路的虚线处,其他虚线部分均用导线短接,测出在 E_1 单独作用时的 I_1、I_2、I_3,并用万用表测出 U_{R_1}、U_{R_2}、U_{R_3},将测量数据记入表 2.5.2 中。测量时应注意万用表和直流数字毫安表的极性及电路的参考方向,否则将影响实验数据的正确性。

表 2.5.2　　　　　　　　　叠加原理理论计算值

测量值\项目 参数	I_1(mA)	I_2(mA)	I_3(mA)	U_{R_1}(V)	U_{R_2}(V)	U_{R_3}(V)
E_1 单独作用						
E_2 单独作用						
E_1、E_2 共同作用						

2. E_2 单独作用时，电路各项参数的测量

用前述 E_1 单独作用时电路各参数的测量方法测出相关数据，并将测量数据记入表 2.5.3 中。

表 2.5.3　　　　　　　　　实验电路参数测量数据表

参数 测量值 项目	I_1(mA)	I_2(mA)	I_3(mA)	U_{R_1}(V)	U_{R_2}(V)	U_{R_3}(V)
E_1 单独作用						
E_2 单独作用						
E_1、E_2 共同作用						

3. E_1、E_2 共同作用时电路参数的测量

将 E_1、E_2 均接入电路，测出相关数据，并记录。

2.5.6　实验注意事项

(1) 用电流插头测量各支路电流时，或者用电压表测量电压降时，应注意仪表的极性，正确判断测得值的"+"、"−"号后，记入数据表格。

(2) 注意仪表量程的及时更换。

2.5.7　实验报告

(1) 根据实验数据表格，进行分析、比较、归纳、总结实验结论，即验证线性电路的叠加性与齐次性。

(2) 各电阻器所消耗的功率能否用叠加原理计算得出？试用上述实验数据，进行计算并得出结论。

(3) 心得体会及其他。

2.6　电压源与电流源的等效变换

2.6.1　实验目的

(1) 掌握电源外特性的测试方法。
(2) 验证电压源与电流源等效变换的条件。

2.6.2　实验预习思考题

(1) 通常直流稳压电源的输出端不允许短路，直流恒流源的输出端不允许开路，为什么？

(2) 电压源与电流源的外特性为什么呈下降变化趋势？恒压源和恒流源的输出在任何负载下是否保持恒值？

2.6.3 实验原理

(1) 一个直流恒压电源在一定的电流范围内,具有很小的内阻。故在实用中,常将它视为一个理想的电压源,即其输出电压不随负载电流而变。其外特性曲线,即其伏安特性曲线 $U=f(I)$ 是一条平行于 I 轴的直线。一个实用恒流源在一定的电压范围内,可视为一个理想的电流源。

(2) 一个实际电压源(或电流源),其端电压(或输出电流)不可能不随负载而变,因它具有一定的内阻值。故在实验中,用一个小阻值的电阻(或大电阻)与稳压源(或恒流源)相串联(或并联)来模拟一个实际电压源(或电流源)。

(3) 一个实际电源,就其外部特性而言,既可以看成是一个电压源,又可以看成是一个电流源。若视为电压源,则可用一个理想电压源 U_S 与一个电阻 R_0 相串联的组合来表示;若视为电流源,则可用一个理想电流源 I_S 与一电导 g_o 相并联的组合来表示。如果这两种电源能向同样大小的负载供出同样大小的电流和端电压,则称这两个电源是等效的,即具有相同的外特性。

一个电压源与一个电流源等效变换的条件为

$$I_S = U_S/R_0, \quad g_o = 1/R_0 \quad \text{或} \quad U_S = I_S R_0, \quad R_0 = 1/g_o$$

如图 2.6.1 所示。

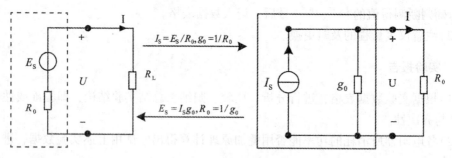

图 2.6.1 实验原理电路

2.6.4 实验设备(表 2.6.1)

表 2.6.1 实 验 设 备

名称	参考型号	数量	用途
可调直流稳压电源	0~30V	1	
可调直流恒流源	0~200mA	1	
直流数字电压表	0~200V	1	
直流数字毫安表	0~200mA	1	
万用表		1	
电阻器	51Ω,200Ω,300Ω,1kΩ		
可调电阻箱	0~99999.9Ω	1	

2.6.5 实验内容

1. 测定直流稳压电源与实际电压源的外特性

(1) 按图 2.6.2 接线。U_S 为 +6V 直流电压。调节 R_2 令其阻值由大至小变化,记录两表的读数。

(2) 按图 2.6.3 接线,虚线框可模拟为一个实际电压源。调节 R_2,令其值由大至小变化,记录两表的读数。

2. 测定电流源的外特性

按图 2.6.4 接线,I_S 为直流恒流源,调节其输出为 10mA,令 R_0 分别为 1kΩ 和 ∞(即接入和断开),调节电位器 R_L(从 0~470Ω),测出这两种情况下的电压表和电流表的读数。自拟数据表格,记录实验数据。

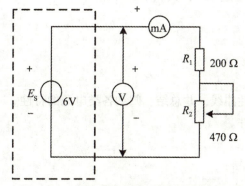

图 2.6.2 测定直流稳压电源外特性电路

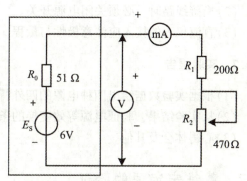

图 2.6.3 测定实际电压源外特性电路

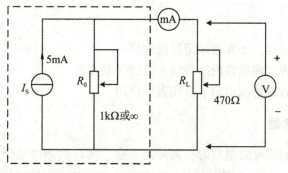

图 2.6.4 测定电流源外特性电路

3. 测定电源等效变换的条件

先按图 2.6.5(a) 线路接线,记录线路中两表的读数。然后利用图 2.6.5(a) 中右侧的元件和仪表,按图 2.6.5(b) 接线。调节恒流源的输出电流 I_S,使两表的读数与 2.6.5(a) 时的数值相等,记录 I_S 之值,验证等效变换条件的正确性。

2.6.6 实验注意事项

(1) 在测电压源外特性时,不要忘记测空载时的电压值,测电流源外特性时,不要忘

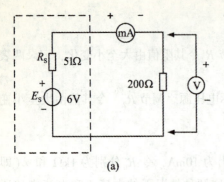 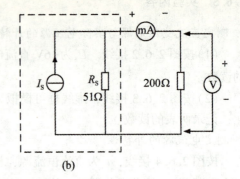

图 2.6.5 电源等效变换电路

记测短路时的电流值，注意恒流负载电压不要超过 20V，负载不要开路。

(2) 换接线路时，必须关闭电源开关。

(3) 直流仪表的接入应注意极性与量程。

2.6.7 实验报告

(1) 根据实验数据绘出四种电源的四外特性曲线，并总结、归纳各类电源的特性。

(2) 从实验结果，验证电源等效变换的条件。

(3) 心得体会及其他。

2.7 戴维宁定理的验证

2.7.1 实验目的

(1) 验证戴维宁定理，加深对该定理的理解。

(2) 掌握测量有源二端线性网络等效参数的一般方法。

(3) 进一步熟悉直流稳压电源、万用表的使用。

2.7.2 实验预习思考题

(1) 在求戴维宁定理等效电路时，做短路实验，测 I_s 的条件是什么？在本实验中可否直接作负载短路实验？请在实验前对线路图预先做好计算，以便调整实验线路及测量时可准确地选取电表的量程。

(2) 说明测有源而端网络开路电压及等效内阻的几种方法，并比较其优缺点。

2.7.3 实验原理

1. 戴维南定理

任何一个有源二端线性网络都可以用一个电动势为 E_0 的理想电压源和内阻 R_0 相串联的电压源来等效代替。E_0 等于有源二端线性网络的开路电压 U_0，R_0 等于有源二端线性网络除去所有电源后所得到的无源二端线性网络的等效电阻(入端电阻)。

所谓等效，是指有源二端线性网络被等效电路替代后，不影响端口外电路（即负载）上的电压和电流。

R_0、U_0、E_0 和 I_S 称为有源二端线性网络的等效参数。

2. 有源二端线性网络等效参数的计算

被测有源二端线性网络及等效电路如图 2.7.1 所示。

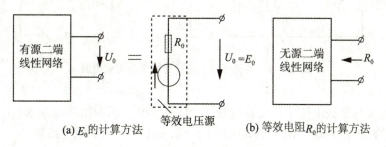

(a) E_0 的计算方法   (b) 等效电阻 R_0 的计算方法

图 2.7.1 戴维宁定理图示

(1) 计算 R_0。

去除 E 并将此处短路，则 a、b 端的等效电阻即为 R_0

$$R_0 = \frac{R_1 R_2}{R_1 + R_2} + R_3$$

(2) 计算 E_0。

E_0 等于有源二端线性网络的开路电压 U_0。负载 R_L 开路后 R_3 上无电流、也无压降，则 U_0（即 a、b 两端的电压）即为 R_2 两端的电压，R_2 上的电流为

$$I_{R2} = \frac{E}{R_1 + R_2}$$

则

$$E_0 = U_0 = I_{R2} R_2$$

(3) 计算短路电流 I_S。

将负载 R_L 短路（即 a、b 短接）后 a、b 连线上的电流即为 I_S，不难看出

$$I_S = \frac{E_0}{R_0}$$

3. 有源二端线性网络等效参数的测量

(1) U_0 和 E_0 的测量。

将图 2.7.2 有源二端线性网络的负载 R_L 开路，用万用表的直流电压挡测 a、b 二端的电压，即为该网络的开路电压 U_0，等效理想电压源 $E_0 = U_0$。

(2) R_0 的测量。

测量 R_0 的方法很多，现只介绍几种：

①万用表法：将原网络的电压源 E 短路、负载 R_L 开路用万用表的欧姆挡测 a、b 两端的等效电阻，即为 R_0。

②开路电压与短路电流法：开路电压 U_0 的测量前已述；短路电流 I_S 的测量即将负载 R_L 去掉，用毫安表直接测量 a、b 两端间的电流，此电流即为短路电流 I_S，于是

$$R_0 = \frac{U_0}{I_S}$$

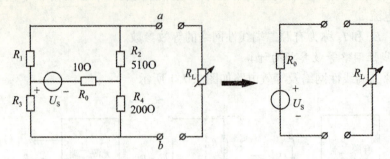

图2.7.2 被测有源二端线性网络及等效电路

③开路电压与负载电压法：负载电压 U_L 的测量即用原网络将电压表（万用表的直流电压挡）并联在 R_L 的两端，测出负载电压 U_L。由图1.7.2的等效电路知

$$I_L = \frac{E_0}{R_0 + R_L} = \frac{U_L}{R_L}$$

则

$$R_0 = \frac{(E_0 - U_L)R_L}{U_L}$$

2.7.4 实验设备

表2.7.1　　　　　　　　　实　验　设　备

名称	参考型号	数量	用途
可调直流稳压电源	0~30V	1	提供电压源
直流稳压电源	12V	1	提供电压源
万用表		1	测元件电压、电阻值
直流数字毫安表	0~200mA	1	测电路电流
可调电阻箱	0~99999.9Ω	1	
电位器	1kΩ/2W	1	
戴维南定理实验电路板		1	

2.7.5 实验内容与步骤

1. 测 U_0

按前述测 U_0 的方法测出 U_0，将数据记入表2.7.3中。

表2.7.2　　　　　　　　　等效参数计算值

E(V)	$E_0(U_0)$(V)	$R_0(\Omega)$	I_S(mA)

表 2.7.3　　　　　　　　　　　　　　R_0 的测量数据

万用表法	短路电流法			负载电压法 $R_o=(E_0-U_L)R_L/U_L$		
	$U_0(V)$	$I_S(mA)$	$R_0(\Omega)$	$U_0(V)$	$U_L(V)$	$R_0(\Omega)$

2. 测 R_0

按前述测 R_0 的方法 1>测出 R_0，将数据记入表 2.7.3 中。

3. 测 I_S

按前述测 R_0 的方法 2>测出 I_S，计算该方法测出的 R_0 值，并将数据记入表 2.7.3 中。

4. 测 U_L

按前述测 R_0 的方法 3>测出 U_L，并计算该方法测出的 R_0 值，将数据记入表 2.7.3 中。

5. 网络的伏安特性测试

(1)按图接线，测 I_L 用毫安表、测 U_L 用万用表的直流电压挡，按表 2.7.4 拟定的 R_L 的数据，分别测出 U_L 和 I_L，并将数据记入表 2.7.4 中。

表 2.7.4　　　　　　　　　　　　　伏安特性实验数据

$R_L(\Omega)$		∞	600	500	400	300	200	100	0
原网络	$U_L(V)$								
	$I_L(mA)$								
等效网络	$U_L(V)$								
	$I_L(mA)$								

(2)按图接线，按 1 的方法和条件测出 U_L 和 I_L，也将数据记入表 2.7.4 中。

2.7.6　实验注意事项

(1)测量时应注意电流表量程的更换。

(2)步骤(2)中，电压源置零时不可将稳压电源短接。

(3)万用表直接测 R_0 网络内的独立源必须先置零，以免损坏万用表。其次，欧姆挡必须先调零后再进行测量。

(4)改接线路时，要关掉电源。

2.7.7　实验报告

(1)根据实验数据，绘制出曲线，验证戴维宁定理的正确性，并分析产生误差的原因。

(2)根据实验中所提供的几种方法测得的 U_0 与 R_0 与预习时电路计算的结果作比较，你能得出什么结论？

(3)归纳、总结实验结果。

(4)心得体会及其他。

2.8 受控源实验研究

2.8.1 实验目的

(1) 了解用运算放大器组成四种类型受控源的线路原理。
(2) 测试受控源 VCCS、CCVS 的转移特性及负载特性。

2.8.2 实验预习思考题

(1) 受控源和独立电源相比有何异同点？比较四种受控源的符号、电路模型、控制量与被控量的关系。
(2) 四种受控源中 γ_m、g_m、α 和 μ 的意义是什么？如何测得？
(3) 若受控源控制量的极性反向，试问其输出量(即被控量)的极性是否发生变化？
(4) 受控源的控制特性是否适合于交流信号？
(5) 如何用两个基本的 CCVS 和 VCCS 获得其他两个 CCCS 和 VCVS，它们的输入输出应如何连接？

2.8.3 实验原理

受控电源是指电压源的电压或电流源的电流是受电路中其他部分的电压或电流控制的，当控制量的电压或电流消失或等于零时，受控电源的电压或电流也将为零。

根据受控电源是电压源还是电流源，以及受电压控制还是受电流控制，受控电源可分为电压控制电压源(VCVS)、电流控制电压源(CCVS)、电压控制电流源(VCCS)和电流控制电流源(CCCS)四种类型。VCVS、CCVS、VCCS、CCCS 均可由集成运算放大器(简称运放)组成，运放是一个有源三端器件，它有两个输入端和一个输出端，若信号从"+"端输入，则输出信号与输入信号相位相同，故称为同相输入端；若信号从"-"端输入，则输出信号与输入信号相位相反，故称为反相输入端。理想运放具有以下三大特征：

(1) 运放的"+"端与"-"端电位相等，通常称为"虚短路"。
(2) 运放输入端电流为零，即其输入电阻为无穷大。
(3) 运放的输出电阻为零。

以上三个特征是分析所有具有运放网络的重要依据。要使运放工作，还须接有正、负直流工作电压。

1. 电压控制电压源(VCVS)

实验电路及模型如图 2.8.1 所示。
根据运放的虚短路特性，有

$$u_p = u_n = u_1, \quad i_2 = \frac{u_n}{R_2} = \frac{u_1}{R_2}$$

又因为运放内阻为无穷大，有 $\quad i_1 = i_2$
因此

$$u_2 = i_1 R_1 + i_2 R_2 = i_2(R_1 + R_2) = \frac{u_1}{R_2}(R_1 + R_2) = \left(1 + \frac{R_1}{R_2}\right)u_1$$

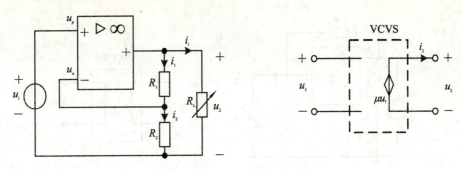

图 2.8.1　实验电路及模型

即运放的输出电压 u_2 只受输入电压 u_1 的控制与负载 R_L 大小无关。

转移电压比(电压放大系数)

$$\mu = \frac{u_2}{u_1} = 1 + \frac{R_1}{R_2}$$

该电路的输入、输出有公共的接地点，这种联接方式称为共地联接。

2. 电压控制电流源(VCCS)

实验电路及模型如图 2.8.2 所示。

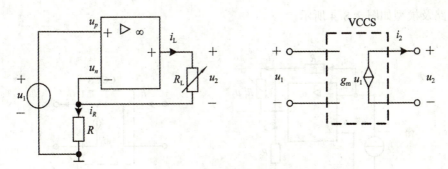

图 2.8.2　VCCS 实验电路及模型

此时运放的输出电流为：

$$i_L = i_R = \frac{u_n}{R} = \frac{u_i}{R}$$

即运放的输出电流 i_L 只受输入电压的控制，与负载 R_L 的大小无关。

其转移电导为

$$g_m = \frac{i_L}{u_i} = \frac{1}{R}(S)$$

这里的输入、输出无公共接地点，这种联接方式称为浮地联接。

3. 电流控制电压源

电路及模型如图 2.8.3 所示。

由于运放的"+"端接地，所以 $u_n = 0$，"-"电压也为零。此时运入的"-"称为虚地点。

57

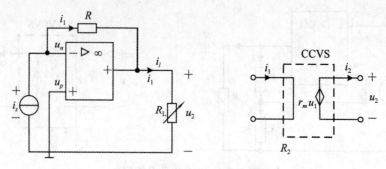

图 2.8.3 CCVS 实验电路及模型

显然，流过电阻的电流就等于网络的输入电流。

此时运放的输出电压为：
$$u_2 = -i_s R$$

即输出电阻只受输入电流的控制，与负载大小无关。

转移电阻为：
$$r_m = \frac{u_2}{i_S} = -R(\Omega)$$

4. 电流控制电流源

电路及模型如图 2.8.4 所示。

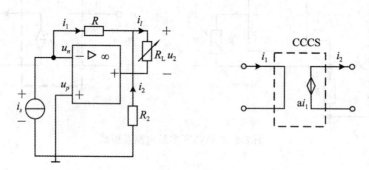

图 2.8.4 CCCVS 实验电路及模型

$$u_a = -i_2 R_2 = -i_1 R_1$$

$$i_L = i_1 + i_2 = i_1 + \frac{R_1}{R_2} = \left(1 + \frac{R_1}{R_2}\right) i_1 = \left(1 + \frac{R_1}{R_2}\right) i_s$$

即输出电流只受输入电流的控制，与负载大小无关。

转移电流比为
$$\alpha = \frac{i_L}{i_S} = \left(1 + \frac{R_1}{R_2}\right)$$

2.8.4 实验设备

如表 2.8.1 所示。

表 2.8.1　　　　　　　　　　　实 验 设 备

名称	参考型号	数量	用途
可调直流稳压电源	0~30V	1	提供直流电压
可调直流稳压电源	0~500mA	1	提供直流电流
万用表		1	测元件电压
直流数字毫安表	0~200mA	1	测电路电流
可调电阻箱	0~99999.9Ω	1	
受控源实验电路板		1	

2.8.5 实验内容与步骤

本次实验仅对电压控制电流源(VCCS)、电流控制电压源(CCVS)进行研究，受控源全部采用直流电源激励，对于交流电源或其他电源激励，实验结果是一样的。

1. 测量受控源(VCCS)的转移特性及负载特性

实验面板电路如图 2.8.5 所示，u_1 为可调直流稳压电源，R_L 为可调电阻箱。为保证运放电路可靠工作，必须将实验箱上±12V 固定电压源接入电路。

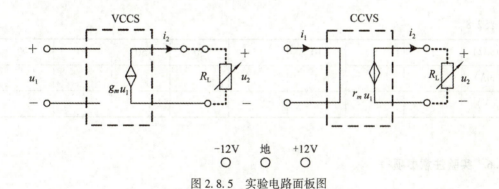

图 2.8.5　实验电路面板图

(1) 固定 $R_L = 2\text{k}\Omega$，调节实验箱可调直流稳压电源的输出电压，使其为表 2.8.2 给定的值，测量在不同输入电压下的输出电流，并记录，然后根据所测结果计算转移电导。

表 2.8.2

u_i(V)	0	0.5	1.0	1.5	2.0	2.5	3.0	3.5	4.0	4.5	5.0
i_L(mA)											

(2)保持 $u_i=2V$,调节电阻箱使其为表2.8.3给定的电阻值,测量在不同的负载下的 i_L 和 u_2,根据所测结果,绘制 $U_2=f(I_L)$ 曲线。

表2.8.3

$R_L(\Omega)$	5	4	3	2	1	0.5	0.3	0.2	0.1	10	5
$i_L(mA)$											
$u_2(V)$											

2. 测量受控源(CCVS)的转移特性及负载特性

实验电路如图所示,i_S 为可调直流恒流源,R_L 为可调电阻箱。

(1)固定 $R_L=2k\Omega$,调节直流恒流源输出电流,使其为表2.8.4给定的值,测量在不同 i_S 下的输出电压,并记录,然后根据所测结果计算转移电阻。

表2.8.4

$i_S(mA)$	0	0.1	0.15	0.2	0.25	0.3	0.35	0.4	0.45	0.5	0.55
$u_2(V)$											

(2)保持 $i_S=0.3mA$,调节电阻箱使其为表2.8.5给定的电阻值,测量在不同的负载下的 i_L 和 u_2,根据所测结果,绘制 $U_2=f(I_L)$ 曲线。

表2.8.5

$R_L(k\Omega)$	1	5	10	15	30	50	70	90
$i_L(mA)$								
$u_2(V)$								

2.8.6 实验注意事项

(1)每次组装线路,必须事先断开供电电源,但不必关闭总开关。

(2)用恒流源供电的实验中,不要使恒流源的负载开路或恒压源短路。

2.8.7 实验报告

(1)根据实验数据,在实验纸上分别绘出四种受控源的转移特性和负载特性曲线,并求出相应的转移参量。

(2)对预习思考题作必要的回答。

(3)对实验的结果作出合理的分析和结论,总结对四种受控电源的认识和理解。

(4)心得体会及其他。

2.9 RL 串联电路及功率因数的提高

2.9.1 实验目的

(1) 加深理解交流电路电压和电流的相量关系，加深理解串联电路各元件上的电压和是相量和而不是代数和的概念。

(2) 掌握交流电路中阻抗、电压、电流和功率的关系。

(3) 了解交流电路中 R 和 C 对电路 $\cos\varphi$ 的影响，以及利用并联电容提高电路 $\cos\varphi$ 的补偿作用。

(4) 学习日光灯的知识和安全用电常识。

2.9.2 实验预习思考题

复习交流电路的有关理论知识。

2.9.3 实验原理

本实验以日光灯电路为例。

1. 日光灯电路原理

日光灯电路如图 2.9.1 所示，其等效电路如图 2.9.2 所示，图 2.9.3 为其阻抗三角形。其中 R 为日光灯点亮后的灯管电阻，$Z_{L,r}$ 为镇流器阻抗，X_L 为镇流器的感抗，r 为镇流器有功损耗的等效电阻。接通电源后，启辉器(俗称跳泡)两极间气体被击穿，伴随有辉光放电，使 U 形双金属片受热伸展而与定片相接触，因而使日光灯两端灯丝通电加热而发射电子。与此同时，由于启辉器双金属片和定片间的接触电阻小，在电流作用下所产生的热量很小，双金属片逐渐冷却收缩，并脱离定片而复原，于是镇流器电感线圈突然开路并建立很高的自感电动势。在这一电动势和电源的共同作用下，灯管内原先由灯丝所受热发射电子被加速并碰撞管内气体，使其电离而产生弧光放电，发出近于日色的光辉。灯管内气体被击穿以后，灯管两端电压很小(通常 20W 的灯管约为 50～70V)，这个电压不能使启辉器再次启辉，因此，灯管投入正常使用后，启辉器退出工作。注意灯管不能直接接在 220V 电源上使用。

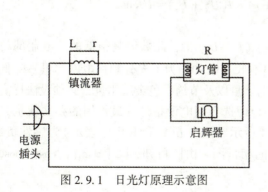

图 2.9.1 日光灯原理示意图　　图 2.9.2 感性负载等效电路

镇流器在灯管正常工作时，其有功功率由三部分构成，即线圈电阻 r_{Cu} 上的铜耗（$\Delta P_{Cu} = I^2 r_{Cu}$）、铁芯的涡流损耗 ΔPe 以及磁滞损耗 ΔP_h。由于 ΔPe 和 ΔP_h 是铁芯中的损耗，并使铁芯发热，因此合称为铁耗，记为 ΔP_{Fe}。这样，镇流器上的有功损耗 ΔP 为

$$\Delta P = \Delta P_{Cu} + \Delta P_{Fe} = \Delta P_{Cu} + \Delta P_e + \Delta P_h$$

若令 $I^2 r = \Delta P$，则式中 r 就是镇流器有功损耗的等效电阻。显然，r 值可以通过测量功率求得，则镇流器的 r 为

$$r = \frac{\Delta P}{I^2}$$

由图 2.9.3 知镇流器的感抗 X_L 和电感 L 为

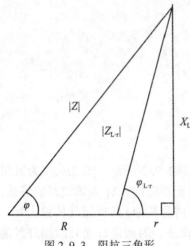

图 2.9.3　阻抗三角形

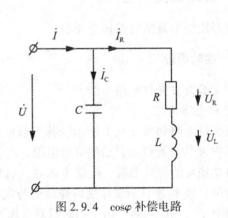

图 2.9.4　$\cos\varphi$ 补偿电路

$$X_L = \sqrt{Z_{L\cdot r}^2 - r^2} = \sqrt{\frac{U_{L\cdot r}^2}{I^2} - r^2} = \omega L$$

$$L = \frac{X_L}{\omega}$$

其中 $\omega = 2\pi f$，当频率 $f = 50 \text{Hz}$ 时，$\omega = 2 \times 3.14 \times 50 = 314 \text{rad/s}$。

由图 2.9.1 知日光灯电路的总有功功率为

$$P = P_R + \Delta P = I^2(R + r) = I(U_R + U_r) = IU\cos\varphi$$

2. 并联电容提高 $\cos\varphi$

图 2.9.2 所示电路的功率因数为 $\cos\varphi_1 = (U_R + U_r)/U$，此数值是很低的。电业部门要求低压用户的 $\cos\varphi$ 不低于 0.85，高压用户不低于 0.90，为了充分利用电网容量，降低线路功率损耗，减小线路电压损失，提高供电质量以及节约有色金属用量，必须设法提高电路的功率因数。提高 $\cos\varphi$ 的措施很多，除合理选择用电设备外，最常用的办法就是与感性负载并联一定大小的电容 C，如图 2.9.4 所示。图中 L（R 和 L 串联表示）为感性负载，C 为补偿电容。图 2.9.5 为补偿前后电路的相量图。由图可知，$|\varphi| < |\varphi_1|$，$\cos\varphi > \cos\varphi_1$，所以并联 C 可提高电路的功率因数。

当 C 的值使 $\varphi = 0$、$\cos\varphi = 1$ 时，$\dot{I}$ 和 $\dot{U}$ 同相，电流 I 的值为最小，叫做全补偿。随后

若 C 增加，则 I_C 增加，将超前 $\dot{U}$，电流 $\dot{I}$ 又要增加，这时 $\cos\varphi$ 为引前，叫做过补偿。若 C 减小则 I_C 减小，I 滞后 U，$\cos\varphi$ 为滞后，称为欠补偿。由于 $\cos\varphi$ 函数曲线是非线性的，在 $\cos\varphi=1$ 附近变化率很小，所以当功率因数提高到 $\cos\varphi \geq 0.85 \sim 0.9$ 时，再往上提高需要很大的电容量，这在经济上是不合算的，因而在实际应用中，只要 $\cos\varphi$ 的值满足电业部门的要求即可，不必苛求，更不必将 $\cos\varphi$ 补偿到 1。

由于纯电容不消耗有功功率，所以补偿前后电路所消耗的总有功功率 P 不变，即 $P = P_R = I_R^2 R = UI_R\cos\varphi_1 = UI\cos\varphi$，而补偿后电路所消耗的无功功率变化量为 $Q_C = Q_1 - Q = P\tan\varphi_1 - P\tan\varphi = P(\tan\varphi_1 - \tan\varphi)$。式中 Q_C、Q_1 和 Q 分别为电容 C、电感 L 和总电路的无功功率；φ、φ_1 分别为补偿后和补偿前电路的阻抗角。这样，就有

$$Q_C = \omega C U^2 = P(\tan\varphi_1 - \tan\varphi)$$

即

$$C = \frac{P}{\omega U^2}(\tan\varphi_1 - \tan\varphi)$$

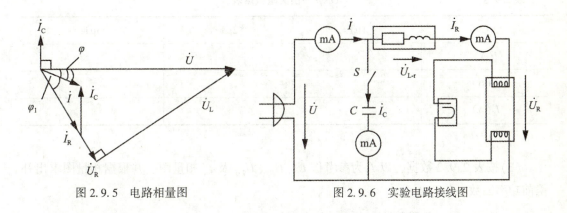

图 2.9.5 电路相量图　　　　图 2.9.6 实验电路接线图

我们可根据这个公式来计算将电路的功率因数由 $\cos\varphi_1$ 提高到所要求的 $\cos\varphi$ 需要并联补偿电容器的电容量。

2.9.4 实验设备

表 2.9.1　　　　　　　　　　实验设备

名称	参考型号	数量	用途
日光灯组件	20W	1	用以模拟 RL 串联电路
	0~500mA	1	提供电流源
万用表		1	测元件电压
直流数字毫安表	0~200mA	1	测电路电流
可调电阻箱	0~99999.9Ω	1	
受控源实验电路板		1	

2.9.5 实验内容与步骤

(1) 按图 2.9.6 接好电路,断开开关 S,接上 220V 交流电源,待灯管点燃后,分别测量 U、$U_{L \cdot r}$、U_R、$I_R(=I)$,将数据记入表 2.9.2 中。

表 2.9.2　　　　　　　　　　无补偿电容时实验数据表

$U(V)$	$U_R(V)$	$U_{L \cdot r}(V)$	$I_R(A)$	$I(A)$

(2) 接通 S,分别测 $C=1\mu F$、$2\mu F$、$3\mu F$ 时的 I_R、I_C 和 I,将数据记入表 2.9.3 中。

表 2.9.3　　　　　　　　　　$\cos\varphi$ 补偿实验数据表

C	$1\mu F$	$2\mu F$	$3\mu F$
$I(A)$			
$I_R(A)$			
$I_C(A)$			

(3) 按表 2.9.2 数据,以 $\dot{I}_R$ 为参考作 $\dot{U}$、$\dot{U}_R$、$\dot{U}_{L \cdot r}$ 及 $\dot{I}_R$ 相量图,并根据相量图求出补偿前功率因数 $\cos\varphi_1$。

(4) 按表 2.9.3 的数据作 I 最小时的电流相量图(以 $\dot{U}$ 为参考),并求 $\cos\varphi$ 值。

2.9.6 实验报告

(1) 根据实验数据整理实验报告。

(2) 绘制相量图。

(3) 心得体会及其他。

2.10 RC 电路的过渡过程及其应用的实验

2.10.1 实验目的

(1) 观察 RC 串联电路过渡过程的规律,了解电路时间常数对过渡过程的影响。

(2) 掌握构成微分电路、积分电路的条件。观察在矩形脉冲作用下,微分电路和积分电路的输出波形(即 RC 电路的矩形脉冲响应)。

(3) 了解微分电路和耦合电路的作用和区别。

(4) 学习双踪示波器及方波信号发生器的使用方法。

2.10.2 实验预习思考题

(1)什么样的电信号可作为 RC 一阶电路零输入响应、零状态响应和完全响应的激信号?

(2)已知 RC 一阶电路 $R=10\mathrm{k}\Omega$,$C=0.1\mu\mathrm{F}$,试计算时间常数 τ,并根据 τ 值的物理意义,拟定测量 τ 的方案。

(3)何谓积分电路和微分电路,它们必须具备什么条件?它们在方波序列脉冲的激励下,其输出信号波形的变化规律如何?这两种电路有何功用?

2.10.3 实验原理

1. RC 电路的矩形脉冲响应

在图2.10.1中,若 u_i 为图2.10.2(a)所示的矩形脉冲,C 上电压的初始值为零,则其响应曲线如图2.10.2(b)、(c)所示。

RC 电路的脉冲响应,本质上就是电路中 C 在输入脉冲序列作用下,不断地充电与放电的动态过程,也就是 RC 电路反复在正负阶跃电压输入作用下的阶跃响应。

2. 微分电路、耦合电路和积分电路

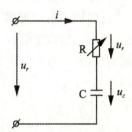

图2.10.1 RC 电路

由于电路中的 R 可调,电路的时间常数 $\tau(=RC)$ 可调,当 RC 很小时,电容 C 的充电很快,若 $\tau=RC\ll t_p$,则在 u_i 脉冲持续时间内,C 很快就完成了充电过程,从而使得 $u_C\approx u_i$,$u_R=u_i-u_C\approx 0$,电路的波形如图2.10.3所示。这时,若以 u_i 矩形脉冲为输入,u_R 尖脉冲为输出,RC 电路就构成了微分电路。因此,构成微分电路的条件为

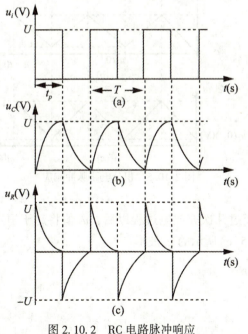

图2.10.2 RC 电路脉冲响应

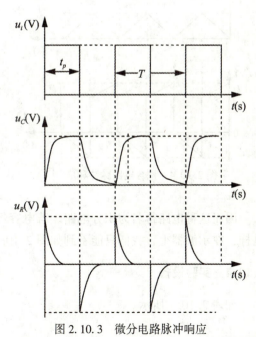

图2.10.3 微分电路脉冲响应

如果 $\tau = RC \ll t_p$（实际应用中，$t_p \geqslant 5\sim10\tau$ 即可），且以电阻 R 上的电压 u_R 为输出。事实上，在这些条件下有

$$u_o = u_R = Ri = RC\frac{du_c}{dt} \approx RC\frac{du_i}{dt}$$

因而该电路得名为微分电路。

如果 $\tau \gg t_p$，且以 u_R 为输出，这时，在脉冲持续时间 t_p 内，由于电路的时间常数很大，C 上的充电电压 u_C 很小，几乎为零。于是 $u_o = u_R = u_i - u_C \approx u_i$。这样的 RC 电路常常被用作耦合电路，例如晶体管放大电路的级间耦合，就经常采用这种 RC 耦合电路。其有关波形如图 2.10.4 所示。

如果 $\tau \gg t_p$（应用中常取 $\tau \geqslant 5\sim10t_p$），且以 $u_o = u_C$ 为输出。

这时因 C 充电非常缓慢，放电也很缓慢，所以 u_C 的变化几乎全在指数曲线初始的、近于线性的阶段中进行，且电压 u_C 很小，波形如图 2.10.5（b）所示。这就构成了积分电路。在这些条件下，因为 u_C 很小，$u_R = u_i$，所以

$$u_o = u_C = \frac{1}{C}\int i\, dt = \frac{1}{C}\int \frac{u_R}{R}dt \approx \frac{1}{RC}\int u_i\, dt$$

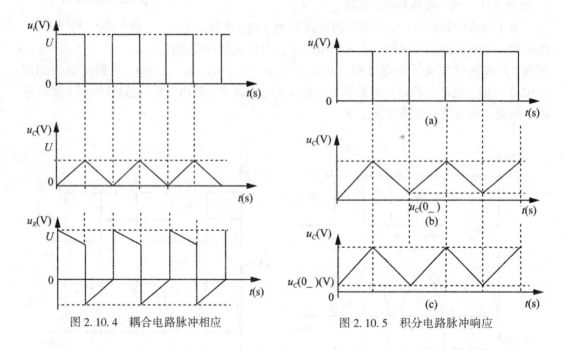

图 2.10.4　耦合电路脉冲相应　　　图 2.10.5　积分电路脉冲响应

因而这种电路得名为积分电路。若电容经过几次充放电过程以后，u_C 值将趋于恒定，这样，在示波器上，我们只能看到如图 2.10.5（c）所示的 u_C 波形。

2.10.4　实验设备

如表 2.10.1 所示。

表 2.10.1　　　　　　　　　　实 验 设 备

名称	参考型号	数量	用途
脉冲信号发生器	中策 DF1641B1	1	
双踪示波器	普源 DS1052E	1	观察信号波形
动态电路实验板		1	

2.10.5　实验内容与步骤

1. 示波器的使用

示波器是用于观察各种电信号波形的电子仪器，也可在精度要求不高时，测量信号的幅值、频率和相位。它的输入阻抗高、频率响应好、灵敏度高，是实验室最常用的电子仪器之一。示波器规格、型号繁多，用途也不完全相同。现以 CA8021 双踪示波器为例，将观察正弦波形、测量电压幅值和频率的方法介绍如下：

(1) 观察正弦波形。

以 CH1 通道为例。将探极(用×10，即衰减 10 倍)接入 CH1 通道输入插座(CH1　OR　X)；将被测信号馈入垂直通道的耦合方式(AC DC GND)置于 AC；将垂直方式(MODE)置于 CH1；将触发源选择(TRIGGER)置于内(INT)；将内触发源(INT　SOURCE)置于 CH1；将触发方式(TRIG'D)置于峰值自动(ALL UP P—P AUTO)；开启电源开关(POWER)，则屏上出现一条水平扫描线。将探极接被测信号(地线接地线、信号线接信号线)，调节 CH1 的垂直衰减器(VOLTS/DIV)和扫描速率(SEC/DIV)即可得到大小适当的稳定的波形。再调节亮度(INTENSITY)、聚焦(FOCUS)、CH1 的垂直移位(POSITION)、水平移位(←POSITION→)使亮度和位置适中、图像清晰。

(2) 测电压幅值。

将 CH1 垂直衰减器微调(VOLTS/DIV—(←VAR))顺时针旋足(校正位置)，调节 CH1 的 VOLTS/DIV 使波形高度在 5 格左右(被测信号有效值为 1.5V 左右探极衰减用×10 时，可取 0.1V/DIV)，调节 SEC/DIV 使屏幕显示的波形宽度适中(被测信号为 1kHz 时可取 0.5ms/DIV)，调节水平和垂直移位，使波形顶端在屏幕中央的纵坐标上，底部在屏幕的某一横坐标上则

$$U_{P-P}(\text{峰}-\text{峰电压}) = \text{垂直方向格数} \times \text{垂直衰减值} \times \text{探极衰减倍数}$$

$$U(\text{有效值}) = \frac{U_{P-P}}{2\sqrt{2}}$$

(3) 测频率。

在测电压幅值的基础上，将扫描速率微调(SEC/DIV—(←VAR))顺时针旋足(校正位置)，调节垂直移位使波形居水平刻度线的两侧，调节水平移位使波形的一端在水平刻度线上的交点取整，读取一个周期的水平间距，则

$$T(\text{周期}) = \frac{\text{水平间距}(\text{格数}) \times \text{扫描速率值}}{\text{水平扩展倍数}}$$

$$f(\text{频率}) = \frac{1}{T}$$

(4) 测两波的相位差。

由图 2.10.1，经 RC 移相网络获得频率相同但相位不同的两路信号 U_I 和 U_R，分别加到双踪示波器的输入通道 CH1 和 CH2。内触发信号取自设定的测量基准的一路信号。

将垂直方式置于 ALT（两个通道交替显示），将 CH1、CH2 的耦合方式置于 GND，调节两通道的垂直位移，使两条扫描基线重合。

将两通道的耦合方式置于 AC，调节扫描速率和两个通道的垂直衰减，使荧屏上显示出如图 2.10.2 所示的易于测量的两个相位不同的正弦波形 UI 及 UR，则两波的相位差为

$$\varphi = \frac{X(格)}{X_T(格)} \times 360°$$

式中，X_T 为一周期所占格数，X 为两波形在 X 方向差距格数。

2. 微分电路输出波形测试

按图 2.10.6 接线，u_i 用示波器校正电压（方波、$U_{P-P}=0.5$V、$f=1$kHz，即 $T=1$ms、$t_p=0.5$ms），用示波器的一个通道显示 u_i 的波形，另一通道同时显示 u_o 的波形（即微分电路输出波形），以 u_i 和 u_o 为纵坐标，以时间 t 为横坐标在一张方格纸上绘出 u_i 和 u_o 的波形，并将 R、C 的值和计算出的 $\tau(=RC)$ 值记录于表格中。

3. 积分电路输出波形测试

按图 2.10.7 接线，u_i 用示波器的校正电压，用示波器的两个通道同时显示 u_i 和 u_o 的波形，在方格纸上作 u_i 和 u_o 的波形图，并记录 R、C，计算 τ。

4. 耦合电路输出波形测试

按图 2.10.8 接线，用示波器同时观察 u_i 和 u_o 的波形，作 u_i 和 u_o 的波形图，并记录 R、C，计算 τ。

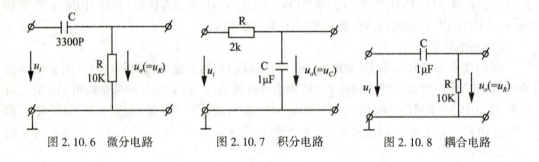

图 2.10.6 微分电路　　　图 2.10.7 积分电路　　　图 2.10.8 耦合电路

表 2.10.2　　　　　　　　　　　　电路参数表

电路种类	$u_i(V)$	$R(\Omega)$	$C(F)$	$\tau=RC$(ms)	t_p/τ
微分电路					
积分电路					
耦合电路					

2.10.6 实验注意事项

(1) 调节电子仪器各旋钮时，动作不要过猛。实验前，尚需熟读双踪示波器使用说明，特别是观察双踪时，要特别注意哪些开关、旋钮的操作与调节。

(2)信号源的接地端与示波器的接地端要连在一起(称共地),以防外界干扰而影响测量的准确性。

(3)示波器的辉度不应过亮,尤其是光点长期停留在荧光屏上不动时,应将辉度调暗,以延长示波管的使用寿命。

2.10.7 实验报告

(1)根据实验观测结果,在方格纸上绘出 RC 一阶电路充放电时 u_c 变化曲线,由曲线测得 τ 值,并与参数值的计算结果作比较,分析误差原因。

(2)根据实验观测结果,归纳、总结积分电路和微分电路的形成条件,说明波形变换的特征。

(3)心得体会及其他。

2.11 二阶动态电路响应的研究

2.11.1 实验目的

(1)测试二阶动态电路的零状态响应和零输入响应,了解电路元件参数对响应的影响。

(2)观察、分析二阶电路响应的三种状态轨迹及其特点,以加深对二阶电路响应的认识与理解。

2.11.2 实验预习思考题

(1)根据二阶电路元件的参数,计算出处临界阻尼状态 R_2 之值。

(2)在示波器荧光屏上,如何测得二阶电路零输入响应欠阻尼状态的衰减常数 α 和振荡频率 ω_d?

2.11.3 实验原理

一个二阶电路在方波正、负阶跃信号的激励下,可获得零状态与零输入响应,其响应的变化轨迹决定于电路的固有频率。当调节电路的元件参数值,使电路的固有频率分别为负实数、共轭复数及虚数时,可获得单调地衰减、衰减振荡和等幅振荡的响应。在实验中可获得过阻尼、欠阻尼和临界阻尼这三种响应图形。

简单而典型的二阶电路是一个 RLC 串联电路和 GCL 并联电路,二者之间存在着对偶关系。本实验仅对 GCL 并联电路进行研究。

2.11.4 实验设备

表 2.11.1　　　　　　　　　　实 验 设 备

名称	参考型号	数量	用途
函数信号发生器	中策 DF1641B1	1	
双踪示波器	普源 DS1052E	1	
动态实验电路板		1	

2.11.5 实验内容

利用动态电路板中的元件与开关的配合作用，组成如图 2.11.1 所示的 GCL 并联电路。

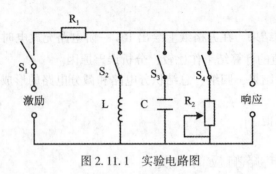

图 2.11.1 实验电路图

令 $R_1=10\text{k}\Omega$，$L=4.7\text{mH}$，$C=1000\text{pF}$，R_2 为 $10\text{k}\Omega$ 可调电阻。令脉冲信号发生器的输出为 $U_m=1.5\text{V}$，$f=1\text{kHz}$ 的方波脉冲，通过同轴电缆接至图中的激励端，同时用同轴电缆将激励端和响应输出接至双踪示波器的 Y_A 和 Y_B 两个输入口。

1. 调节可变电阻器 R_2 之值，观察二阶电路的零输入响应和零状态响应由过阻尼过渡到临界阻尼，最后过渡到欠阻尼的变化过渡过程，分别定性地描绘、记录响应的典型变化波形。

2. 调节 R_2 使示波器荧光屏上呈现稳定的欠阻尼响应波形，定量测定此时电路的衰减常数 α 和振荡频率 ω_d。

3. 改变一组电路参数，如增、减 L 或 C 之值，重复步骤 2 的测量，并作记录。随后仔细观察，改变电路参数时，ω_d 与 α 的变化趋势，并作记录。

表 2.11.2　　　　　　　　　　　α、ω_d 的测量数据

电路参数 实验次数	元 件 参 数				测 量 值	
	$R_1(\text{k}\Omega)$	R_2	$L(\text{mH})$	C	α	ω_d
1	10	调至某一次 欠阻尼状态	4.7	1000pF		
2	10		4.7	0.01μF		
3	30		4.7	0.01μF		
4	10		10	0.01μF		

2.11.6 实验注意事项

(1) 调节 R_2 时，要细心、缓慢，临界阻尼要找准。

(2) 观察双踪时，显示要稳定，如不同步，则可采用外同步法触发(看示波器说明)的方法。

2.11.7 实验报告

(1) 根据观测结果,在方格纸上描绘二阶电路过阻尼、临界阻尼和欠阻尼的响应波形。
(2) 测算欠阻尼振荡曲线上的 ω_d 与 α。
(3) 归纳、总结电路元件参数的改变对响应变化趋势的影响。
(4) 心得体会及其他。

2.12 RLC 串联电路的频率特性及谐振现象

2.12.1 实验目的

(1) 观察串联谐振现象,加深对电压谐振的理解。
(2) 测绘不同品质因数下的 RLC 串联电路的频率特性。
(3) 正确使用函数信号发生器、毫伏表等仪器和仪表。

2.12.2 实验预习思考题

(1) 根据实验电路板给出的元件参数值,估算电路的谐振频率。
(2) 改变电路的哪些参数可以使电路发生谐振?R 的值是否影响谐振频率的值?
(3) 如何判别电路是否发生谐振?测试谐振点的方案有哪些?
(4) 要提高 R、L、C 串联电路的品质因数,电路参数应如何改变?
(5) 电路发生串联谐振时,为什么输入电压不能太大?如果信号源给出 $3V$ 的电压,电路谐振时用交流毫伏表测 U_L 和 U_C,应该选择用多大的量程?
(6) 本实验在谐振时,对应的 U_L 与 U_C 是否相等?如有差异,原因何在?

2.12.3 实验原理

1. RLC 串联电路的谐振及谐振曲线

RLC 串联电路如图 2.12.1 所示,在外加频率为 f、电压为 $\dot{U}_i$ 的正弦电压作用下,电路中的电流为

$$\dot{I} = \frac{\dot{U}_i}{R' + j(X_L - X_C)}$$

$$I = \frac{U_i}{|Z|} = \frac{U_i}{\sqrt{R'^2 + (X_L - X_C)^2}}$$

式中 $R'=R+r$,r 为线圈电阻;$X_L = 2\pi f L$,为线圈感抗;$X_C = 1/2\pi f C$,为电容器的容抗。

由于 X_L 和 X_C 是频率 f 的函数,所以电流 I 也是频率 f 的函数,当 $f<f_0$ 时,$X_C = 1/2\pi f C > X_L = 2\pi f L$,电路呈容性,随着频率 f 的增加,电流 I 增加;当 $f>f_0$ 时,$X_L>X_C$,于是电路呈感性,I 将随 f 的增加而减小;当 $f=f_0$ 时,$X_L = X_C$,$Z = R'$,电路则呈电阻性,这时因电路阻抗为最小,当 U_i 一定时,电流 I 为最大,电路的谐振曲线如图 2.12.1 所示。

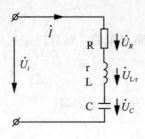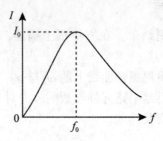

图 2.12.1　RLC 串联电路及谐振曲线

由图可见，$f=f_0$ 时，$X_L=X_C$，即

$$2\pi f_0 L = \frac{1}{2\pi f_0 C}$$

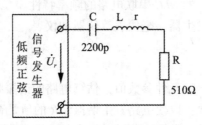

图 2.12.2　实验电路图

电路出现了串联谐振，此时 $I=I_o=U_i/R'$ 为最大，谐振频率 f_0 可由下式求得

$$f_0 = \frac{1}{2\pi\sqrt{LC}}$$

串联谐振有如下几个特征：

(1) 电路阻抗 $|Z_o|=Z_o=R'$ 为最小，且呈现为纯电阻；

(2) 当外加电压 U_i 一定时，电流 $I=I_o=U_i/R'$ 为最大，且 $\dot{I}_o$ 与 $\dot{U}_i$ 同相，即相位差 $\varphi=0$，功率因数 $\cos\varphi=1$。

(3) 由于 $X_L=X_C$，所以 $\dot{U}_L=-\dot{U}_C$。当 $R'\ll X_L\mid f=f_0$ 时，$U_i=U_{R'}\ll U_L=U_C$。因而串联谐振又称为电压谐振。

实验时应注意，由于线圈有电阻 r，其两端电压是 $U_{L \cdot r}$ 而不是 U_L，所以在实验数据中，谐振时 $U_{L \cdot r}$ 略大于 U_C。

2. 电路的品质因数 Q 及其对频率特性曲线的影响

电路的品质因数定义为

$$Q = \frac{U_L}{U_i}\bigg|_{f=f_0} = \frac{U_C}{U_i}\bigg|_{f=f_0} = \frac{\omega_0 L}{R'} = \frac{1}{\omega_0 C R'}$$

Q 对谐振曲线的影响为

因为

$$\frac{2\pi f L}{R'} = \frac{2\pi f_0 L}{R'}\frac{f}{f_0} = Q\frac{f}{f_0}$$

或

$$\frac{\omega L}{R'} = Q\frac{\omega}{\omega_0}$$

且

$$\frac{1}{2\pi f C R'} = \frac{1}{2\pi f_0 C R'} \frac{f_0}{f} = Q\frac{f_0}{f}$$

即

$$\frac{1}{\omega C R'} = Q\frac{f_0}{f} = Q\frac{\omega_0}{\omega}$$

因此，在任意 f 或 ω 下，电路的电流为

$$I = \frac{U_i}{|Z|} = I_0 R' \bigg/ \sqrt{R'^2 + \left(\omega L - \frac{1}{\omega C}\right)^2} = I_0 \bigg/ \sqrt{1 + Q^2\left(\frac{f}{f_0} - \frac{f_0}{f}\right)^2}$$

或

$$\frac{I}{I_0} = \frac{1}{\sqrt{1 + Q^2\left(\frac{f}{f_0} - \frac{f_0}{f}\right)^2}}$$

应该指出：谐振时 $f=f_0$，$I/I_0=1$，与 Q 无关。但在非谐振点上 $f \neq f_0$，I 将随 Q 值的增加而减小，Q 值越大，谐振曲线越尖锐，通频带越窄。在无线电工程中，常常利用具有尖锐的谐振曲线的电路来选择有用的信号(选频、选台)。

2.12.4 实验设备

如表 2.12.1 所示。

表 2.12.1　　　　　　　　　　实 验 设 备

名称	参考型号	数量	用途
低频信号发生器	中策 DF1641B1	1	提供信号源
交流毫伏表	中策 DF1930A	1	测电压
双踪示波器	普源 DS1052E	1	监视信号源输出
谐振实验电路板	$R = 330\Omega$, $2.2k\Omega$；$C = 2400pF$；L 约为 $200mH$	1	

2.12.5 实验内容与步骤

1. 信号发生器的使用

常用的信号发生器有方波和正弦波两大类，它们都属于"源"，其输入为220V、50HZ的交流电，输出频率和幅值均可连续调节。对于正弦波信号发生器，如其输出信号频率在20Hz到200kHz之间的称为低(音)频信号发生器，超过200kHz的则称为高频信号发生器。

使用方法如下：

(1)将"幅度调节"旋钮置于最小极限位置(逆时针到底)；

(2)接入220V、50HZ交流电源，预热片刻，待输出电压稳定后方可使用，请注意：输出绝对不能短路；

(3)按所需信号电压的大小将"分贝衰减器"(或"输出衰减器")置适当挡位上；

(4) 调节"频率调节"旋钮，使输出信号的频率为所需值；

(5) 调节"幅度调节"旋钮，使输出电压信号从小到大升至要求值。

信号发生器输出电压的大小随其输出信号频率的改变而有所变化，当对信号的大小有精度要求时，应及时核准频率值。

2. 交流电压表使用

晶体管毫伏表用于测量频率为 10～2MHz 的正弦交流电压的有效值。与普遍万用表相比较，它有较高的灵敏度和稳定度，有较高的输入阻抗，而且能测量信号的频率范围宽，可用于测量低电压、高频率的正弦电压有效值。

使用方法如下：

先将电压表的量程选项择旋钮置最大量程，再将电压表并联在待测电压的两端〔测量线(红线)接信号发生器的信号线一端〕，开启电源，根据电压表读数逐渐减小量程，直到电压表读数指示大于满刻度一半时读数。

电压表的低量程挡不能路，若在开路状态下开启电源，表的指针将超量程偏转，容易撞弯指针，请按上述规程进行操作。

3. RLC 串联谐振曲线的测绘

(1) 按图 2.12.2 接线，取 $C=2200pF$，$R=510\Omega$，调节低频信号发生器输出电压 U_i，使其为 1V，并在整个实验中保持不变。

(2) 找出电路的谐振频率。将晶体管毫伏表跨接在 $R(510\Omega)$，置正弦信号发生器的输出频率由小增大(注意保持信号源的输出幅度保持不变)，同时观察电压表的读数，当 U_R 的数为最大时(此时电流 I 也最大)，读得频率计上的值即为电路的谐振频率 f_0，将 f_0 的值记入表 2.12.2 和表 2.12.3 中。并用毫伏表分别测出线圈电压 U_L、电容 U_C 和 R_1 两端的电压 U_R 记入表 2.12.2 中。(在找电路的谐振频率 f_0 时，要及时更换交流毫负表的量程在测 U_{Lr} 和 U_C 时，毫伏表的信号线红笔必须接在 L 和 C 的公共点 N_0，地线接 L 和 C 的近地端 N_1 和 N_2。)。

表 2.12.2　　　谐振时的有关实验数据($U_i=1V$；$R=510\Omega$)

f_0(Hz)	$U_{L,r}$(mV)	U_C(mV)	UR_2(mV)

(3) 将信号发生器的输出频率 f 依次调到数据表中的数值，并保持输出信号电压 $U_i=1V$(有效值)，依次测出相应的 UR_2 值，记入表 2.12.3 中。

表 2.12.3　　　谐振曲线实验数据表($U_i=1V$；$R=510\Omega$)

f(Hz)	f_0-3000	f_0-2000	f_0-1000	f_0-800	f_0-600
f(Hz)					
U_R(mV)					
I(mA)					

续表

f(Hz)	f_0-400	f_0-200	f_0	f_0+200	f_0+400
f(Hz)					
U_R(mV)					
I(mA)					
f(Hz)	f_0+600	f_0+800	f_0+1000	f_0+2000	f_0+3000
f(Hz)					
U_R(mV)					
I(mA)					

（4）以频率 f 为横坐标，以相应的电流 I 为纵坐标在坐标纸上作出谐振曲线（此为幅频特性曲线）。

（5）由 $Q = 1/\omega_o CR' = 1/2\pi f_0 C(R_1 + r)$，求电路的品质因数 Q（线性电阻 r 由实验室提供）。

2.12.6　实验注意事项

（1）测试频率点的选择应靠近谐振频率附近多取几点，在变换频率测试前，应调整信号输出的幅（用示波器监视输出幅度），使其维持在 3V 输出。

（2）在测量 U_C 和 U_L 前，应将毫伏表的量程变大约 10 倍，而且在测量 U_C 与 U_L 时毫伏表的"+"端接 C 与 L 的公共点，其接地端分别触及 L 及 C 的近地端 N_2 和 N_1。

（3）实验过程中交流毫伏表电源线采用两线插头。

2.12.7　实验报告

（1）根据测量数据，绘制出不同 Q 值时三条幅频特性曲线 $U_O=f(f)$，$U_L=f(f)$，$U_C=f(f)$。

（2）计算出通频带与 Q 值，说明 R 取不同值时对电路通频带与品质因数的影响。

（3）对两种不同的测 Q 值的方法进行比较，分析误差原因。

（4）谐振时，比较输出电压 $\dot{U}_O$ 与输入电压 $\dot{U}_I$ 是否相等？试分析原因。

（5）通过本实验，总结、归纳串联谐振电路的特性。

2.13　RC 选频网络特性测试

2.13.1　实验目的

（1）熟悉文氏电桥电路的结构特点及其应用。

（2）学会用交流毫伏表和示波器测定文氏桥电路的幅频特性和相频特性。

2.13.2 实验预习思考题

（1）根据电路参数，分别估算文氏桥电路两组参数时的固有频率f_0。

（2）推导 RC 串并联电路的幅频、相频特性的数学表达式。

2.13.3 实验原理

文氏电桥电路是一个 RC 的串、并联电路，如图 2.13.1 所示。该电路结构简单，被广泛地用于低频振荡电路中作为选频环节，可以获得很高纯度的正弦波电压。

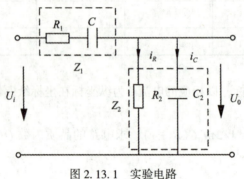

图 2.13.1　实验电路

（1）用函数信号发生器的正弦输出信号作为图 2.13.1 的激励信号 u_i，并保持 u_i 值不变的情况下，改变输入信号的频率 f，用交流毫伏表和示波器测出输出端相应于各个频率点下的输出电压 U_0 值，将这些数据画在以频率 f 为横轴，U_0 为纵轴的坐标纸上，用一条光滑的曲线连接这些点，该曲线就是上述电路的幅频特性曲线。

文氏桥电路的一个特点是其输出电压幅度不仅会随输入信号的频率而变，而且还会出现一个与输入电压同相位的最大值，如图 2.13.2 所示。

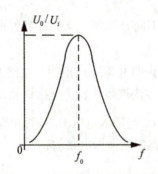

图 2.13.2　文氏桥幅频特性曲线

由电路分析得知，该网络的传递函数为

$$\beta = \frac{1}{3 + j(\omega RC - 1/\omega RC)} - 90°$$

当角频率 $\omega = \omega_0 = \dfrac{1}{RC}$ 时，$|\beta| = \dfrac{U}{U_0} = \dfrac{1}{3}$，此时 U_0 与 U_i 同相。

由图 2.13.3 可见 RC 串并联电路具有带通特性。

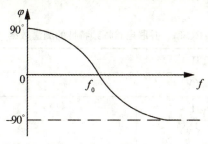

图 2.13.3 文氏桥相频特性曲线

（2）将上述电路的输入和输出分别接到双踪示波器的 Y_A 和 Y_B 两个输入端，改变输入正弦信号的频率，观测相应的输入和输出波形间的时延 τ 及信号的周期 T，则两波形间的相位差为

$$\varphi = \dfrac{\tau}{T} \times 360° = \varphi_0 - \varphi_i \text{（输出相位与输入相位之差）}$$

将各个不同频率下的相位差 φ 画在以 f 为横轴、φ 为纵轴的坐标纸上，用光滑的曲线将这些点连接起来，即是被测电路的相频特性曲线，如图 2.13.3 所示。

由电路分析理论得知，当 $\omega = \omega_0 = \dfrac{1}{RC}$，即 $f = f_0 = \dfrac{1}{2\pi RC}$ 时，$\varphi = 0$，即 u_0 与 u_i 同相位。

2.13.4 实验设备

如表 2.13.1 所示。

表 2.13.1 实 验 设 备

名称	参考型号	数量	用途
函数信号发生器及频率计	中策 DF1641B1	1	
双踪示波器	普源 DS1052E	1	
交流毫伏表	中策 DF1930A	1	
RC 选频网络实验板		1	

2.13.5 实验内容与步骤

1. 测量 RC 串、并联电路的幅频特性

（1）利用实验箱上"RC 串、并联选频网络"线路，组成图 2.13.1 线路。取 $R = 1\text{k}\Omega$，$C = 0.1\mu\text{F}$；

(2)调节信号源输出电压为3V的正弦信号,接入图2.13.1的输入端;

(3)改变信号源的频率f(由频率计读得),并保持$U_i=3V$不变,测量输出电压U_0(可先测量$\beta=1/3$时的频率f_0,然后再在f_0左右设置其他频率点测量。)

(4)取$R=200\Omega$,$C=2.2\mu F$,重复上述测量。如表2.13.2所示。

表2.13.2　　　　　　　　　　RC串、并联电路幅频特性的测量数据

$R=1k\Omega$, $C=0.1\mu F$	$f(Hz)$	
	$U_0(V)$	
$R=200\Omega$, $C=2.2\mu F$	$f(Hz)$	
	$U_0(V)$	

2. 测量RC串、并联电路的相频特性

将图2.13.1的输入U_i和输出U_0分别接至双踪示波器的Y_A和Y_B两个输入端,改变输入正弦信号的频率,观测不同频率点时,相应地输入与输出波形间的时延τ及信号的周期T,如表2.13.3所示。两波形间的相位差为

$$\varphi = \frac{\tau}{T} \times 360° = \varphi_0 - \varphi_i$$

表2.13.3　　　　　　　　　　RC串、并联电路相频特性的测量数据

$R=1k\Omega$, $C=0.1\mu F$	$f(Hz)$	
	$T(ms)$	
	$\tau(ms)$	
	φ	
$R=200\Omega$, $C=2.2\mu F$	$f(Hz)$	
	$T(ms)$	
	$\tau(ms)$	
	φ	

2.13.6　实验注意事项

由于信号源内阻的影响,输出幅度会随信号频率变化。因此,在调节输出频率时,应同时调节输出幅度,使实验电路的输入电压保持不变。

2.13.7　实验报告

(1)根据实验数据,绘制文氏桥电路的幅频特性和相频特性曲线。找出f_0,并与理论计算值比较,分析误差原因。

(2)讨论实验结果。

(3)心得体会及其他。

2.14 双口网络测试

2.14.1 实验目的

(1)加深理解双口网络的基本理论。
(2)掌握直流双口网络传输参数的测量技术。

2.14.2 实验预习思考题

(1)试述双口网络同时测量法与分别测量法的测量步骤,优缺点及其使用情况。
(2)本实验方法可否用于交流双口网络的测定?

2.14.3 实验原理

对于任何一个线性网络,我们所关心的往往只是输入端口和输出端口的电压和电流之间的相互关系,并通过实验测定方法求取一个极其简单的等值双口电路来替代原网络,此即为"黑盒理论"的基本内容。

(1)一个双口网络两端口的电压和电流四个变量之间的关系,可以用多种形式的参数方程来表示。本实验采用输出口的电压 U_2 和电流 I_2 作为自变量,以输入口的电压 U_1 和电流 I_1 作为应变量,所得的方程称为双口网络的传输方程,如图 2.14.1 所示的无源线性双口网络(又称为四端网络)的传输方程为:

$$U_1 = AU_2 + BI_1$$
$$I_1 = CU_2 + DI_1$$

图 2.14.1 无源双口网络

式中,A、B、C、D 为双口网络的传输参数,其值完全决定于网络的拓扑结构及各支路元件的参数值。这四个参数表征了该双口网络的基本特性,他们的含义是:

$$A = \frac{U_{10}}{U_{20}}(令 I_2 = 0,即输出口开路时)$$

$$B = \frac{U_{1S}}{I_{2S}}(令 U_2 = 0,即输出口短路时)$$

$$C = \frac{I_{10}}{U_{20}}(令 I_2 = 0,即输出口开路时)$$

$$D = \frac{I_{1S}}{I_{2S}}(令 U_2 = 0,即输出口短路时)$$

由上可知,只要在网络的输入口加上电压,在两个端口同时测量其电压和电流,即可求出 A、B、C、D 四个参数,此即为双端口同时测量法。

(2)若要测量一条远距离输电线构成的双口网络,采用同时测量法就很不方便。这时可采用分别测量法,即先在输入口加电压,而将输出口开路和短路,在输入口测量电压和电流,由传输方程可得:

$$R_{10} = \frac{U_{10}}{I_{10}} = \frac{A}{C}(令 I_2 = 0,即输入口开路时)$$

$$R_{1S} = \frac{U_{1S}}{I_{1S}} = \frac{B}{D}(令 U_2 = 0,即输入口短路时)$$

然后在输出口加电压,而将输入口开路和短路,测量输出口的电压和电流。此时可得

$$R_{20} = \frac{U_{20}}{I_{20}} = \frac{D}{C}(令 I_1 = 0,即输入口开路时)$$

$$R_{2S} = \frac{U_{2S}}{I_{2S}} = \frac{B}{A}(令 U_1 = 0,即输入口短路时)$$

R_{10},R_{1S},R_{20},R_{2S} 分别表示一个端口开路和短路时另一端口的等效输入电阻,这四个参数中只有三个是独立的:

因为 $\frac{R_{10}}{R_{20}} = \frac{R_{1S}}{R_{2S}} = \frac{A}{D}$,即 $AD - BC = 1$。

至此,可求出四个传输参数为:

$$A = \sqrt{R_{10}/(R_{20} - R_{2S})},\ B = R_{2S}A,\ C = A/R_{10},\ D = R_{20}C$$

(3)双口网络级联后的等效双口网络的传输参数亦可采用前述的方法之一求得。从理论推得两个双口网络级联后的传输参数与每一个参加级联的双口网络的传输参数之间有如下的关系:

$$A = A_1A_2 + B_1C_2,\ B = A_1B_2 + B_1D_2,\ C = C_1A_2 + D_1C_2,\ D = C_1B_2 + D_1D_2$$

2.14.4 实验设备

如表 2.14.1 所示。

表 2.14.1　　　　　　　　　　　　实 验 设 备

名称	参考型号	数量	用途
可调直流稳压电源	0~30V	1	
数字直流电压表	0~200V	1	
数字直流毫安表	0~200mA	1	
双口网络实验电路板		1	

2.14.5 实验内容

双口网络实验线路如图 2.14.2 所示。将直流稳压电源的输出电压调到 10V，作为双口网络的输入。

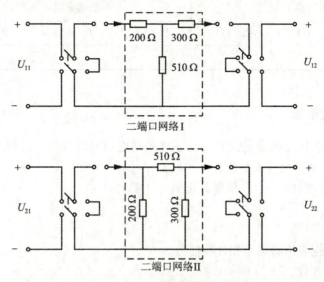

图 2.14.2 双口网络实验线路图

(1) 按同时测量法分别测定两个双口网络的传输参数 A_1、B_1、C_1、D_1 和 A_2、B_2、C_2、D_2，并列出它们的传输方程。如表 2.14.2 所示。

表 2.14.2   双口网络传输参数的测量数据

		测 量 值			计 算 值	
双口网络 I	输出端开路 $I_{12}=0$	$U_{11O}(V)$	$U_{12O}(V)$	$I_{11O}(mA)$	A_1	B_1
	输出端短路 $U_{12}=0$	$U_{11S}(V)$	$I_{11S}(V)$	$I_{12S}(mA)$	C_1	D_1
		测 量 值				
双口网络 II	输出端开路 $I_{22}=0$	$U_{21O}(V)$	$U_{22O}(V)$	$I_{21O}(mA)$	A_2	B_2
	输出端短路 $U_{22}=0$	$U_{21S}(V)$	$I_{21S}(V)$	$I_{22S}(mA)$	C_2	D_2

(2) 将两个双口网络级联，即将网络 I 的输出接至网络 II 的输入。用两端口分别测量法测量级联后等效双口网络的传输参数 A、B、C、D，并验证等效双口网络传输参数与级联的两个双口网络传输参数之间的关系。如表 2.14.3 所示。

表2.14.3　　　　　　　级联后等效双口网络传输参数的测量数据

输出端开路 $I_2=0$			输出端短路 $U_2=0$			计算传输参数
U_{1O}(V)	I_{1O}(mA)	R_{1O}(kΩ)	U_{1S}(V)	I_{1S}(mA)	R_{1S}(kΩ)	
						A =
输出端开路 $I_1=0$			输出端短路 $U_1=0$			B = C =
U_{2O}(V)	I_{2O}(mA)	R_{2O}(kΩ)	U_{2S}(V)	I_{2S}(mA)	R_{2S}(kΩ)	D =

2.14.6　实验注意事项

(1) 用电流插头插座测量电流时，要注意判别电流表的极性及选取适合的量程(根据所给的电路参数，估算电流表量程)。

(2) 计算传输参数时，I、U 均取其正值。

2.14.7　实验报告

(1) 完成对数据表格的测量和计算任务。

(2) 列写参数方程。

(3) 验证级联后等效双口网络的传输参数与级联的两个双口网络传输参数之间的关系。

(4) 总结、归纳双口网络的测试技术。

(5) 心得体会及其他。

2.15　互感电路测量

2.15.1　实验目的

(1) 学会互感电路同名端、互感系数以及耦合系数的测定方法。

(2) 理解两个线圈相对位置的改变，以及用不同材料作线圈芯时对互感的影响。

2.15.2　实验预习思考题

(1) 用直流判断同名端时，可否以及如何根据 S 断开瞬间毫安表指针的正、反偏来判断同名端？

(2) 本实验用直流法判断同名端是用插、拔铁芯时观察电流表的正、负读数变化来确定的(应如何确定)，这与实验原理中所叙述的方法是否一致？

2.15.3　实验原理

1. 判断互感线圈同名端的方法

(1) 直流法。

如图 2.15.1 所示，开关 S 闭合瞬间，若毫安表的指针正偏，则可断定"1"、"3"为同名端；若毫安表的指针反偏，则"1"、"4"为同名端。

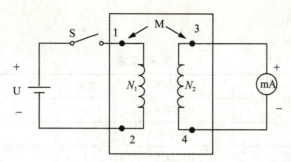

图 2.15.1　直流法判断互感线圈同名端

（2）交流法

如图 2.15.2 所示，将两个绕组 N_1 和 N_2 中的任意一个绕组（如 N_1）加一个低电压，另一绕组（如 N_2）开路，用交流电压表分别测出端电压 U_{13}、U_{12} 和 U_{34}。若 U_{13} 是两个绕组端电压之差，则 1、3 是同名端；若 U_{13} 是两绕组端电压之和，则 1、4 是同名端。

2. 两线圈互感系数 M 的测定

在图的 N_1 侧施加低压交流电压 U_1，测出 I_1 及 U_2。根据互感电势 $E_{2M} \approx U_{20} = \omega M I_1$，可算得互感系数为

$$M = \frac{U_2}{\omega I_1}$$

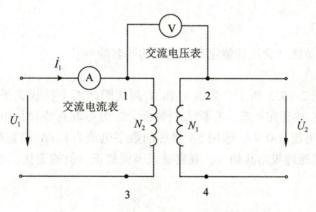

图 2.15.2　交流法法判断互感线圈同名端

3. 耦合系数 k 的测定

两个互感线圈耦合松紧的程度可用耦合系数 k 来表示

$$k = M\sqrt{L_1 L_2}$$

如图 2.15.2 所示，现在 N_1 侧加低压交流电压 U_1，测出 N_2 侧开路时的电流 I_1；然后再在 N_2 侧加电压 U_2，测出 N_1 侧开路时的电流 I_2，求出各自的自感 L_1 和 L_2，即可算得 k 值。

2.15.4 实验设备

如表 2.15.1 所示。

表 2.15.1　　　　　　　　　　实 验 设 备

名称	参考型号	数量	用途
交流电压表	0~500V	1	
交流电流表	0~5A	1	
直流数字电压表	0~200V	1	
直流数字毫安表	0~200mA	1	
空心互感线圈	N_1为大线圈 N_2为小线圈	1	
电阻器	30Ω/8W，51Ω/2W	各1	
自耦调压器		1	
直流稳压电源	0~30V	1	
发光二极管		1	
粗、细铁棒、铝棒		各1	
变压器	36V/220V	1	

2.15.5 实验内容

(1) 分别用直流法和交流法测定互感线圈的同名端。

① 直流法。

实验线路如图 2.15.3 所示。先将 N_1 和 N_2 两线圈的四个接线端子编以 1、2 和 3、4 号。将 N_1，N_2 同心地套在一起，并放入西铁棒。U 为可调直流稳压电源，调至 10V。流过 N_1 侧的电流不可超过 0.4A(选用 5A 量程的数字电流表)。N_2 侧直接接入 2mA 量程的毫安表。将铁棒迅速地拔出和插入，观察毫安表读数正、负的变化，来判定 N_1 和 N_2 两个线圈的同名端。

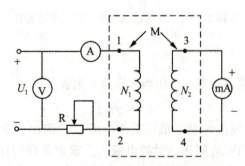

图 2.15.3　直流法判断互感线圈同名端实验电路

②交流法。

本方法中,由于加在 N_1 上的电压仅 2V 左右,直接用屏内调压器很难调节,因此采用图 2.15.4 的线路来扩展调压器的调节范围。图中 W、N 为主屏上的自耦调压器的输出端,B 为实验台中的 升压铁芯变压器,此处作降压用。将 N_2 放入 N_1 中,并在两线圈中插入铁棒。A 为 2.5A 以上量程的电流表,N_2 侧开路。

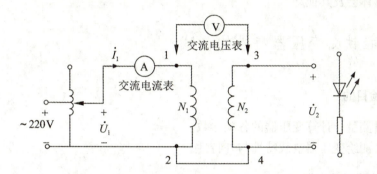

图 2.15.4 交流法判断互感线圈同名端实验电路

接通电源前,应首先检查自耦调压器是否调至零位,确认后方可接通电源,令自耦调压器输出一个很低的电压(12V 左右),使流过电流表的电流小于 1.4A,然后用 0~30V 量程的交流电压表测量 U_{13}、U_{12}、U_{34},判定同名端。

(2)拆去 2、4 连线,并将 2、3 相接,重复上述步骤,判定同名端。

(3)拆除 2、3 连线,测 U_1、I_1、U_2,计算出 M。

(4)将抵压交流加在 N_2 侧,使流过 N_2 侧电流小于 1A,N_1 侧开路,按步骤 2 测出 $U_2 I_2 U_1$。

(5)用万用表的 R×1 档分别测出 N_1 和 N_2 线圈的电阻值 R_1 和 R_2,计算 K 值。

(6)观察互感现象。

在图 2.15.4 的 N_2 侧接入 LED 发光二极管与 51Ω(电阻箱)串联的支路。

(1)将铁棒慢慢地从两线圈中抽出和插入,观察 LED 亮度的变化及各电压表读数的变化,记录现象。

(2)将两线圈改为并排放置,并改变其间距,分别或同时插入铁棒,观察 LED 亮度的变化及各电压表读数的变化。

(3)改用铝棒代替铁棒,重复步骤(1)、(2),观察 LED 的亮度变化,记录现象。

2.15.6 实验注意事项

(1)整个实验过程中,注意流过线圈 N_1 的电流不得超过 1.4A,流过线圈 N_2 的电流不得超过 1A。

(2)测同名端及其他测量数据及其他数据的实验中,都应将小线圈 N_2 套在大线圈 N_1 中,并插入铁芯。

(3)作交流实验前,首先要检查自耦调压器,要保证手柄置在零位。因实验时加在 N_1 上的电压只有 2~3V 左右,因此调节时要特别仔细、小心,要随时观察电流表的读数,不得超过规定值。

2.15.7 实验报告

(1)总结对互感线圈同名端、互感系数的实验测试方法。
(2)自拟测试表格,完成计算任务。
(3)解释实验中观察到的互感现象。
(4)心得体会及其他。

2.16 单相铁心变压器特性的测试

2.16.1 实验目的

(1)通过测量,计算变压器的各项参数。
(2)学会测绘变压器空载特性与外特性。

2.16.2 实验预习思考题

(1)为什么本实验将低压绕组作为原边进行通电实验?此时,在实验过程中应注意什么问题?
(2)为什么变压器的励磁参数一定是在空载实验加额定电压的情况下求出?

2.16.3 实验原理

(1)图 2.16.1 为测试变压器参数的电路。由各仪表读得变压器原边(AX,低压侧)的 U_1、I_1、P_1 及副边(ax,高压侧)的 U_2、I_2,并用万用表 $R\times 1$ 档测出原、副绕组的电阻 R_1 和 R_2,即可算得变压器的以下各项参数值:

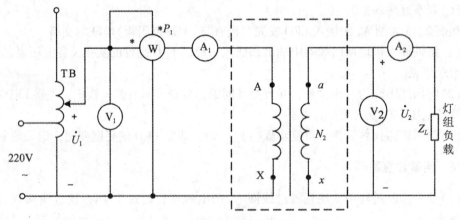

图 2.16.1 测试变压器参数实验电路

电压比: $K_u = \dfrac{U_1}{U_2}$　　　　电流比: $K_i = \dfrac{I_1}{I_2}$

原边阻抗：$|Z_1| = \dfrac{U_1}{I_1}$　　副边阻抗：$|Z_2| = \dfrac{U_2}{I_2}$

阻抗比 $= \dfrac{|Z_1|}{|Z_2|}$　　负载功率：$P_2 = U_2 I_2 \cos\phi_2$

损耗功率：$P_0 = P_1 - P_2$

功率因数 $= \dfrac{P_1}{U_1 I_1}$　　原边线圈铜耗：$P_{CU1} = I_1^2 R_1$

副边铜耗：$P_{CU2} = I_2^2 R_2$　　铁耗：$P_{Fe} = P_0 - (P_{CU1} + P_{CU2})$

(2)铁心变压器是一个非线性元件，铁心中的磁感应强度 B 决定于外加电压的有效值 U。当副边开路(即空载)时，原边的励磁电流 I_{10} 与磁场强度 H 成正比。在变压器中，副边空载时，原边电压与电流的关系称为变压器的空载特性，这与铁心的磁化曲线(B-H 曲线)是一致的。

空载实验通常是将高电压侧开路，由低压侧通电进行测量，又因空载时功率因数很低，故测量功率时应采用低功率因数瓦特表。此外因变压器空载时阻抗很大，故电压表应接在电流表外侧。

(3)变压器外特性测试。为了满足三组灯泡负载额定电压为 220V 的要求，故以变压器的低压(36V)绕组作为原边，220V 的高压绕组作为副边，即当作一台升压变压器使用。

在保持原边电压(36V)不变时，逐次增加灯泡负载(每只灯为 15W)，测定 U_1、U_2、I_1 和 I_2，即可绘出变压器的外特性，即负载特性曲线 $U_2 = f(I_2)$。

2.16.4　实验设备

如表 2.16.1 所示。

表 2.16.1　　　　　　　　　实　验　设　备

名称	参考型号	数量	用途
交流电压表	0~450V	2	
交流电流表	0~5A	2	
单相功率表		1	
试验变压器	220V/36V　50VA	1	
自耦调压器		1	
白炽灯	220V，15W	5	

2.16.5　实验内容

(1)用流法判别变压器绕组的同名端。

(2)图 2.16.1 线路接线。其中 A、X 为变压器的低压绕组，a、x 为变压器的高压绕组。即电源经屏内调压器接至低压绕组，高压绕组 220V 接 Z_L 即 15W 的灯组负载(3 只灯泡并联)，经指导老师检查后方可进行实验。

(3)调压器手柄置于输出电压为零的位置(逆时针旋到底),合上开关,并调节调压器,使其输出电压为36V。令负载开路及逐次增加负载(最多5个灯泡),分别记下五个仪表的读数,记入自拟的数据表格,绘制变压器外特性曲线。实验完毕将调压器调回零位,断开电源。

当负载为4个及5个灯泡时,变压器已处于超载运行的状态,很容易烧坏。因此,测试和记录应尽量快,总共应超过3分钟。实验时,可先将5只灯泡并联安装好,断开控制每个灯泡的相应开关,通电且电压调至规定值后,再逐一打开各个灯的开关,并记录仪表读数。当5灯的数据记录完毕后,应立即用相应的开关断开各灯。

(4)将高压侧(副边)开路,确认调压器处在零位后,合上电源,调节调压器输出电压,使 U_1 从零逐次上升到1.2倍的额定电压(1.2×36V),分别记录下各次测得的 U_1、U_{20} 和 I_{10} 数据,记入自拟的数据表格,用 U_1 和 I_{10} 绘制变压器的空载特性曲线。

2.16.6　实验注意事项

(1)本实验是将变压器作为升压变压器使用,并调节调压器提供原边电压 U_1,故使用调压器时应首先调至零位,然后才可合上电源。此外,必须用电压表监视调压器的输出电压,防止被测变压器输出过高电压而损坏实验设备,且要注意安全,以防高压触电。

(2)由负载实验转到空载实验时,要注意及时变更仪表量程。

(3)遇异常情况,应立即断开电源,待处理好故障后,再继续实验。

2.16.7　实验报告

(1)根据实验内容,自拟数据表格,绘制出变压器的外特性和空载特性曲线。

(2)根据额定负载时测得的数据,计算变压器的各项参数。

(3)计算变压器的电压调整率 $\Delta U = \dfrac{U_{20} - U_{2N}}{U_{20}} \times 100\%$。

(4)心得体会及其他。

2.17　三相电路功率的测量

2.17.1　实验目的

(1)掌握一瓦特表二瓦特表法测量三相电路有功功率与无功功率的方法。

(2)进一步熟练掌握功率表的接线和使用方法。

2.17.2　实验预习思考题

(1)复习二瓦特表法测量三相电路有功功率的原理。

(2)复习一瓦特表法测量三相对称负载无功功率的原理。

(3)测量功率时为什么在线路中通常都接有电流表和电压表?

2.17.3　实验原理

(1)对于三相四线制供电的三相星形联接的负载(即Y形接法),可用一只功率表测量

各相的有功功率 P_A、P_B、P_C，则三相负载的总有功功率 $\sum P = P_A + P_B + P_C$，这就是一瓦特表。如图2.17.1所示，若三项负载是对称的，则只需测量一相的功率，再乘以3即得三相总的有功功率。

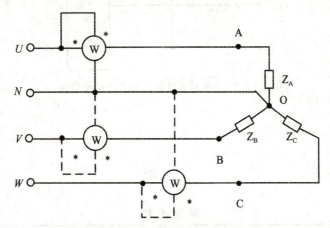

图 2.17.1　一瓦特表法原理图

(2) 三相三线制供电系统中，不论三相负载是否对称，也不论是 Y 形接法还是 △ 形接法，都可以用二瓦特表法测量负载的总有功功率。测量线路如图所示。若负载位感性或容性，且当相位差 $\varphi > 60°$ 时，线路中的一只功率表指针将反偏(数字式功率表将出现负读数)，这时应将功率表电流线圈的两个端子调换(不能调换电压线圈端子)，其读数应记为负值。而三相总功率 $\sum P = P_1 + P_2$(P_1、P_2 本身不含任何意义)。

除图 2.17.2 的 I_A、U_{AC} 与 I_B、U_{BC} 接法外，还有 I_B、U_{AB} 与 I_C、U_{AC} 以及 I_A、U_{AC} 与 I_C、U_{BC} 两种接法。

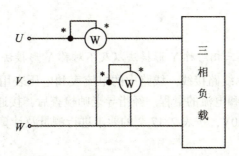

图 2.17.2　二瓦特表法测三相有功功率电路

(3) 对于三相三线制供电的三线对称负载，可用一瓦特表法测得三相负载的总无功功率 Q，测试原理线路如图 2.17.3 所示。

图示功率表读数的 $\sqrt{3}$ 倍，即为对称三相电路总的无功功率。除了此图给出的一种连接法(I_U、U_{VW})外，还有另外两种连接法，即接成(I_V、U_{UW})或(I_W、U_{UV})。

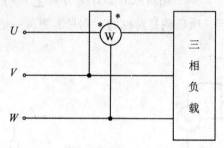

图 2.17.3 一瓦特表法测三相无功功率电路

2.17.4 实验设备

如表 2.17.1 所示。

表 2.17.1　　　　　　　　　　实　验　设　备

名称	参考型号	数量	用途
交流电压表		2	
交流电流表		2	
单相功率表		2	
万用表		1	
三相自耦调压器		1	
三相灯组负载		9	
三相电容负载		各 3	

2.17.5 实验内容

1. 用一瓦特表法测定三相对称 Y 形接法以及不对称 Y 形接法负载的总功率 $\sum P$

实验按图 2.17.4 所示线路接线。线路中的电流表和电压表用以监视该相的电流和电压，不要超过功率表电压和电流的量程。经指导老师检查后，接通三相电源，调节调压器输出，使输出线电压为 220V，按表 2.17.2 的要求进行测量及计算。

表 2.17.2　　　　　　　　　一瓦特表法测三相负载总功率

负载情况	开灯盏数			测量数据			计算值
	A 相	B 相	C 相	P_A (W)	P_B (W)	P_C (W)	P(W)
Y 形接法对称负载	3	3	3				
Y 形接法不对称负载	1	2	3				

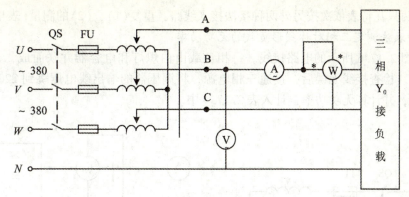

图 2.17.4　一瓦特表法测三相功率电路

首先将 3 只表按图 2.17.4 接入 B 相进行测量，然后分别将三只表接到 A 相和 C 相，再进行测量。

2. 用二瓦特表法测定三相负载的总功率

(1)按图 2.17.5 接线，将三相灯组负载接成 Y 形接法。

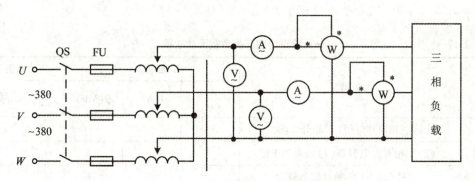

图 2.17.5　二瓦特表法测三相功率电路

经指导老师检查后，接通三相电源，调节调压器的输出线电压为 220V，按表的内容进行测量。

(2)将三相灯组负载改成 Δ 型接法，重复(1)的测量步骤，数据记入表 2.17.3 中。

表 2.17.3　　　　　　　　二瓦特表法测三相负载总功率

负载情况	开灯盏数			测量数据			计算值
	A 相	B 相	C 相	P_A(W)	P_B(W)	P_C(W)	P(W)
Y 形接法对称负载	3	3	3				
Y 形接法不对称负载	1	2	3				
Δ 形接法对称负载	1	2	3				
Δ 形接法不对称负载	3	3	3				

(3)将两只瓦特表依次按另外两种接法接入线路,重复(1)、(2)的测量(表格自拟)。

3. 用一瓦特表法测定三相对称星形负载的无功功率

(1)按图2.17.6所示的电路接线。每相负载由白炽灯和电容器并联而成,并由开关控制其接入。检查接线无误后,接通三相电源,将调压器的输出线电压跳到220V,读取三表的读数,并计算无功功率,计入表2.17.4中。

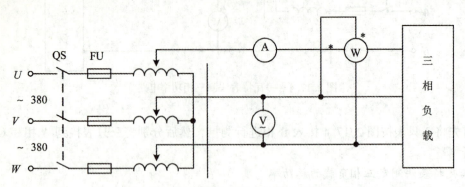

图2.17.6 一瓦特表法测三相无功功率电路

表2.17.4　　　　　　　　一瓦特表法测三相负载无功功率

接法	负载情况	测量值			计算值
		U(V)	I(A)	Q(Var)	$\sum Q = \sqrt{3}Q$
I_U U_{VW}	(1)三相对称灯组(每相开3盏)				
	(2)三相对称电容器(每相4.7UF)				
	(3)(1)、(2)的并联负载				
I_V U_{VW}	(1)三相对称灯组(每相开三盏)				
	(2)三相对称电容器(每相4.7UF)				
	(3)(1)、(2)的并联负载				
I_W U_{VW}	(1)三相对称灯组(每相开三盏)				
	(2)三相对称电容器(每相4.7UF)				
	(3)(1)、(2)的并联负载				

(2)分别按I_V、U_{UW}和I_W、U_{UV}和接法,重复(1)的测量,并比较各自的$\sum Q$值。

2.17.6　实验注意事项

每次实验完毕,均需将三相调压器旋柄调回零位。每次改变接线,均需断开三相电源,以确保人身安全。

2.17.7 实验报告

(1)完成数据表格中的各项测量和计算任务。比较一瓦特表和二瓦特表法的测量结果。

(2)总结、分析三相电路功率测量的方法与结果。

(3)心得体会及其他。

2.18 三相鼠笼式异步电动机点动和自锁控制

2.18.1 实验目的

(1)通过对三相鼠笼式异步电动机点动控制和自锁控制线路的实际安装接线,掌握由电气原理图变换成安装接线图的知识。

(2)通过实验进一步加深理解点动控制和自锁控制的特点。

2.18.2 实验预习思考题

(1)比较点动控制线路与自锁控制线路从结构上看主要区别是什么?从功能上看主要区别是什么?

(2)锁控制线路在长期工作后可能出现失去自锁作用。试分析产生的原因是什么?

(3)交流接触器线圈的额定电压为220V,若误接到380V电源上会产生什么后果?反之,若接触器线圈电压为380V,而电源线电压为220V,其结果又如何?

(4)在主回路中,熔断器和热继电器热元件可否少用一只或两只?熔断器和热继电器两者可否只采用其中一种就可起到短路和过载保护作用?为什么?

2.18.3 实验原理

1. 继电—接触控制

继电—接触控制在各类生产机械中获得广泛地应用,凡是需要进行前后、上下、左右、进退等运动的生产机械,均采用传统的典型的正、反转继电-接触控制。

交流电动机继电-接触控制电路的主要设备是交流接触器,其主要构造为:

(1)电磁系统——铁心、吸引线圈和短路环。

(2)触头系统——主触头和辅助触头,还可按吸引线圈得电前后触头的动作状态,分动合(常开)、动断(常闭)两类。

(3)消弧弧系统——在切断大电流的触头上装有灭弧罩,以迅速切断电弧。

(4)线端子——反作用弹簧等。

2. 在控制回路中常采用接触器的辅助触头来实现自锁和互锁控制

要求接触器线圈得电后能自动保持动作后的状态,这就是自锁,通常用接触器自身的动合触头与起动按钮相并联来实现,以达到电动机的长期运行,这一动合触头称为"自锁触头"。使两个电器不能同时得电动作的控制,称为互锁控制,如为了避免正、反转两个接触器同时得电而造成三相电源短路事故,必须增设互锁控制环节。为操作的方便,也为防止因接触器主触头长期大电流的烧蚀而偶发触头粘连后造成的三相电源短路事故,通常在具有正、反转控制的线路中采用既有接触器的动断辅助触头的电气互锁,又有复合按钮机械互锁的双重互锁的控制环节。

3. 按钮的作用

按钮通常用以短时通、断小电流的控制回路,以实现近、远距离控制电动机等执行部件的起、停或正、反转控制。按钮是专供人工操作使用。对于复合按钮,其触点的动作规律是:当按下时,其动断触头先断,动合触头后合;当松手时,则动合触头先断,动断触头后合。

4. 在电动机运行过程中,应对可能出现的故障进行保护

采用熔断器作短路保护,当电动机或电器发生短路时,及时熔断熔体,达到保护线路、保护电源的目的。熔体熔断时间与流过的电流关系称为熔断器的保护特性,这是选择熔体的主要依据。

采用热继电器实现过载保护,使电动机免受长期过载之危害。其主要的技术指标是整定电流值,即电流超过此值的20%时,其动断触头应能在一定时间内断开,切断控制回路,动作后只能由人工进行复位。

5. 在电气控制线路中,最常见的故障发生在接触器上

接触器线圈的电压等级通常有220V和380V等,使用时必须认清,切勿疏忽,否则,电压过高易烧坏线圈,电压过低吸力不够,不易吸合或吸合频繁,这不但产生很大的噪声,也因磁路气隙增大,致使电流过大,也易烧坏线圈。此外,在接触器铁心的部分端面嵌装有短路铜环,其作用是为了使铁心吸合牢靠,消除颤动与噪声,若发现短路环脱落或断裂现象,接触器将会产生很大的振动与噪声。

2.18.4 实验设备

表 2.18.1 实 验 设 备

名称	型号与规格	数量	用途
三相交流电源	220V		
三相鼠笼式异步电动机		1	
交流接触器		1	
按钮		2	
热继电器		1	
交流电压表	0~500V		
万用表		1	

2.18.5 实验内容

认识各电器的结构、图形符号、接线方法;抄录电动机及各电器铭牌数据;并用万用表 Ω 档检查各电器线圈、触头是否完好。

鼠笼机接成△接法;实验线路电源端接三相自耦调压器输出端 U、V、W,供电线电

压为220V。

1. 点动控制

按图2.18.1点动控制线路进行安装接线，接线时，先接主电路，即从220V三相交流电源的输出端 U、V、W 开始，经接触器 KM 的主触头，热继电器 FR 的热元件到电动机 M 的三个线端 A、B、C，用导线按顺序串联起来。主电路连接完整无误后，再连接控制电路，即从220V三相交流电源某输出端(如 V)开始，经过常开按钮 SB_1、接触器 KM 的线圈、热继电器 FR 的常闭触头到三相交流电源另一输出端(如 W)。显然这是对接触器 KM 线圈供电的电路。

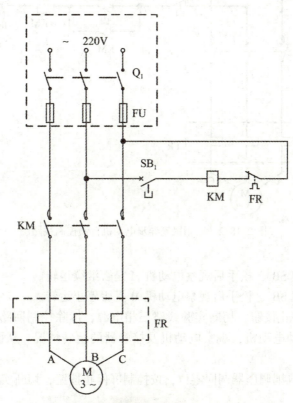

图2.18.1 三相鼠笼异步电动机点动控制线路图

接好线路，经指导教师检查后，方可进行通电操作。

(1) 开启控制屏电源总开关，按启动按钮，调节调压器输出，使输出线电压为220V。

(2) 按起动按钮 SB_1，对电动机 M 进行点动操作，比较按下 SB_1 与松开 SB_1 电动机和接触器的运行情况。

(3) 实验完毕，按控制屏停止按钮，切断实验线路三相交流电源。

2. 自锁控制电路

按图2.18.2所示自锁线路进行接线，它与图2.18.1的不同点在于控制电路中多串联一只常闭按钮 SB_2，同时在 SB_1 上并联1只接触器 KM 的常开触头，它起自锁作用。

接好线路经指导教师检查后，方可进行通电操作。

(1) 按控制屏起动按钮，接通220V三相交流电源。

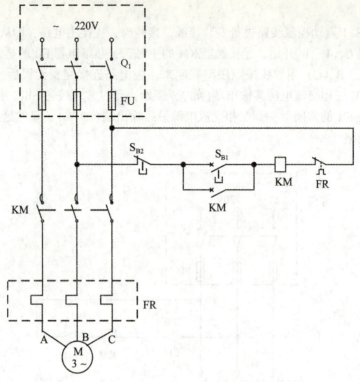

图 2.18.2 三相鼠笼异步电动机自锁控制线路图

(2) 按起动按钮 SB_1，松手后观察电动机 M 是否继续运转。
(3) 按停止按钮 SB_2，松手后观察电动机 M 是否停止运转。
(4) 按控制屏停止按钮，切断实验线路三相电源，拆除控制回路中自锁触头 KM，再接通三相电源，起动电动机，观察电动机及接触器的运转情况。从而验证自锁触头的作用。

实验完毕，将自耦调压器调回零位，按控制屏停止按钮，切断实验线路的三相交流电源。

2.18.6 实验注意事项

(1) 接线时，合理安排挂箱位置，接线要求牢靠、整齐、清楚、安全可靠。
(2) 操作时，要胆大、心细、谨慎，不许用手触及各电器元件的导电部分及电动机的转动部分，以免触电及意外损伤。
(3) 通电观察继电器动作情况时，要注意安全，防止碰触带电部位。

2.18.7 实验报告

(1) 按要求编写实验报告。
(2) 按实验顺序整理实验记录：观察到的现象以及有关电流值，估测的时间长短等。
(3) 按实验中的现象和自己的体会，叙述"自锁"的作用。
(4) 心得体会及其他。

2.19 三相鼠笼式异步电动机正反转控制

2.19.1 实验目的

(1)通过对三相鼠笼式异步电动机正反转控制线路的安装线路,掌握由电气原理图接成实验操作电路的方法。
(2)加深对电气控制系统各种保护、自锁、互锁等环节的理解。
(3)学会分析、排除继电——接触控制线路故障的方法。

2.19.2 实验预习思考题

(1)在电动机正、反转控制线路中,为什么必须保证两个接触器不能同时工作?采用哪些措施可以解决此问题,这些方法有何利弊,最佳方案是什么?
(2)在控制线路中,短路、过载、失压、欠压保护等功能是如何实现的?在实际运行过程中,这几种保护有何意义?

2.19.3 实验原理

在鼠笼式正反转控制线路中,通过相序的更换来改变电动机的旋转方向。本实验给出两种不同的正、反转控制线路如图 2.19.1 及图 2.19.2 所示,具有如下特点:
1. 电气互锁

为了避免接触器 KM_1(正转)、KM_2(反转)同时得电吸合造成三相电源短路,在 KM_1(KM_2)线圈支路中串接有 KM_1(KM_2)动断触头,它们保证了线路工作时 KM_1、KM_2 不会同时得电(如图 2.19.1),以达到电气互锁目的。
2. 电气和机械双重互锁

除电气互锁外,可再采用复合按钮 SB_1 与 SB_2 组成的机械互锁环节(如图 2.19.2 所示),以求线路工作更加可靠。
3. 线路具有短路、过载、失压、欠压保护等功能

2.19.4 实验设备

如表 2.19.1 所示。

表 2.19.1　　　　　　　　　　实验设备

名称	参考型号	数量	用途
三相交流电源	220V		
三相鼠笼式异步电动机		1	
交流接触器		2	
按钮		3	
热继电器		1	
交流电压表	0~500V	1	

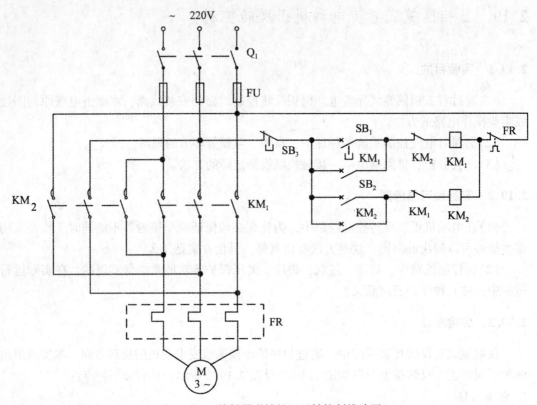

图 2.19.1 接触器联锁的正反转控制线路图

续表

名称	参考型号	数量	用途
万用表		1	

2.19.5 实验内容

认识各电器的结构、图形符号、接线方法；抄录电动机及各电器铭牌数据；并用万用表 Ω 档检查各电器线圈、触头是否完好。

鼠笼机接成△接法；实验线路电源端接三相自耦调压器输出端 U、V、W，供电线电压为220V。

1. 触器联锁的正反转控制线路

按图 2.19.1 接线，经指导教师检查后，方可进行通电操作。

(1) 开启控制屏电源总开关，按启动按钮，调节调压器输出，使输出线电压为220V。

(2) 按正向起动按钮 SB_1，观察并记录电动机的转向和接触器的运行情况。

(3) 按反向起动按钮 SB_2，观察并记录电动机和接触器的运行情况。

(4) 按停止按钮 SB_3，观察并记录电动机的转向和接触器的运行情况。

(5) 再按 SB_2，观察并记录电动机的转向和接触器的运行情况。

(6) 实验完毕，按控制屏停止按钮，切断三相交流电源。

2. 接触器和按钮双重联锁的正反转控制线路

按图 2.19.2 接线,经指导教师检查后,方可进行通电操作。

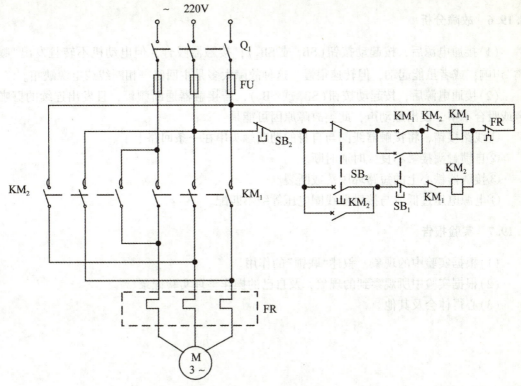

图 2.19.2 接触器和按钮双重联锁的正反转控制线路图

(1)按控制屏起动按钮,接通 220V 三相交流电源。

(2)按正向起动按钮 SB_1,电动机正向起动,观察电动机的转向及接触器的动作情况。按停止按钮 SB_3,使电动机停转。

(3)按反向起动按钮 SB_2,电动机反向起动,观察电动机的转向及接触器的动作情况。按停止按钮 SB_3,使电动机停转。

(4)按正向(或反向)起动按钮,电动机起动后,再去按反向(或正向)起动按钮,观察有何情况发生?

(5)电动机停稳后,同时按正、反向两只起动按钮,观察有何情况发生?

(6)失压与欠压保护。

①按起动按钮 SB_1(或 SB_2)电动机起动后,按控制屏停止按钮,断开实验线路三相电源,模拟电动机失压(或零压)状态,观察电动机与接触器的动作情况,随后,再按控制屏上起动按钮,接通三相电源,但不按 SB_1(或 SB_2),观察电动机能否自行起动?

②重新起动电动机后,逐渐减小三相自耦调压器的输出电压,直至接触器释放,观察电动机是否自行停转。

(7)过载保护。

打开热继电器的后盖,当电动机起动后,人为地拨动双金属片模拟电动机过载情况,观察电机、电器动作情况。

注意：此项内容，较难操作且危险，有条件可由指导教师作示范操作。

实验完毕，将自耦调压器调回零位，按控制屏停止按钮，切断实验线路电源。

2.19.6　故障分析

（1）接通电源后，按起动按钮（SB_1 或 SB_2），接触器吸合，但电动机不转且发出"嗡嗡"声响；或者虽能起动，但转速很慢。这种故障大多是主回路一相断线或电源缺相。

（2）接通电源后，按起动按钮（SB_1 或 SB_2），若接触器通断频繁，且发出连续的劈啪声或吸合不牢，发出颤动声，此类故障原因可能是：

①线路接错，将接触器线圈与自身的动断触头串在一条回路上了。

②自锁触头接触不良，时通时断。

③接触器铁心上的短路环脱落或断裂。

④电源电压过低或与接触器线圈电压等级不匹配。

2.19.7　实验报告

（1）根据实验中的现象，叙述"联锁"的作用。

（2）根据实验中所观察到的现象，及自己的操作整理实验记录。

（3）心得体会及其他。

第3章 模拟电子实验

3.1 晶体管特性鉴别和测试

3.1.1 实验目的

(1) 掌握用万用表粗略鉴别晶体管性能的方法。
(2) 进一步熟悉晶体管参数和特性曲线的物理意义。

3.1.2 实验预习要求

(1) 复习晶体管的基本特性。
(2) 根据晶体管特性拟出测试电路和方案。

3.1.3 实验原理

晶体管性能的优劣,可以从它的特性曲线或一些参数上加以判别。本次实验主要介绍采用简易的仪器设备鉴别晶体管性能的方法,即用万用表粗测晶体管的性能和用逐点法测绘管子的特性曲线。

1. 利用万用表测试晶体二极管

(1) 鉴别正、负极性。

万用表的黑棒为正极性,红棒为负极性。将万用表选在 R×100 挡,两棒接到二极管两端如图 3.1.1 所示,若表针指在几千欧以下的阻值,则接黑棒一端为二极管的正极,二极管正向导通;反之,如果表针指很大(几百千欧)的阻值,则接红棒的那一端为正极。

(2) 鉴别性能

将万用表的黑棒接二极管正极,红棒接二极管负极,测得二极管的正向电阻。一般在几千欧以下为好,要求正向电阻愈小愈好。将红棒接二极管的正极,黑棒接二极管负极,可测出反向电阻。一般应大于 $200\text{k}\Omega$ 以上。

如果反向电阻太小,二极管失去单向导电作用。如果正、反向电阻都为无穷大,表明管子已断路;反之,二者都为零表明管子短路。

2. 利用万用表测试小功率晶体三极管

晶体三极管的结构犹如"背靠背"的两个二极管,如图 3.1.2 所示。测试时用 R×100 或 R×1k 挡。

(1) 判断基极 b 和管子的类型。

用万用表的红棒接晶体管的某一极,黑棒依次接其他两极,若两次测得电阻都很小

(在几 kΩ 以下),则红棒接的为 PNP 型管子的基极 b;若量得电阻都很大(在几百 kΩ 以上),则红棒所接的是 NPN 型管子的基极 b。若两次量得的阻值为一大一小,应换一个极再试量。若反向电阻太小,二极管失去单向导电作用。如果正、反向电阻都为无穷大,表明管子已断路;反之,二者都为零表明管子短路。

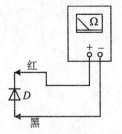 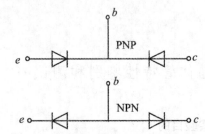

图 3.1.1　用万用表测试晶体二极管　　　　图 3.1.2　晶体三极管的两个 PN 结构示意图

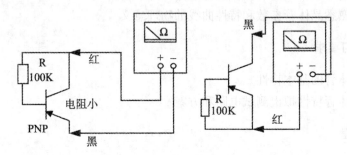

图 3.1.3　c 极和 e 极的判断

(2)确定发射极 e 和集电极 c。

以 PNP 型管为例,基极确定以后,用万用表两根棒分别接另两个未知电极,假设红棒所接电极为 c,黑棒所接电极为 e,用一个 100kΩ 的电阻一端接 b。一端接红棒(相当于注入一个 Ib),观察接上电阻时表针摆动的幅度大小。再把两棒对调,重测一次。根据晶体管放大原理可知,表针摆动大的一次,红棒所接的为管子的集电极 c,另一个极为发射极 e。也可用手捏住基极 b 与红棒(不要使 b 极与棒相碰),以人体电阻代替 100kΩ 电阻,同样可以判别管子的电极。对于 NPN 型管,判别的方法相类似。

测试过程中,若发现晶体管任何两极之间的正、反电阻都很小(接近于零),或是都很大(表针不动),这表明管子已击穿或 R_{P2} 烧坏。

3. 用逐点法测晶体管的输入和输出特性曲线

图 3.1.4、图 3.1.5、图 3.1.6 分别是共射电路的输入、输出特性曲线和测试电路。

(1)输入特性曲线测量。

维持 V_{CE} 为某一定值,逐点改变 V_{BE}(图 3.1.6 中调节 R_{P2}),测出若干 V_{BE} 和 I_B,根据测量数据描绘一条输入特性曲线。依次取不同的 V_{CE} 值,可获得一组输入特性曲线。实际上,当 $V_{CE} \geq 1V$ 后,特性曲线几乎都重叠在一起,因此,晶体管手册中仅给出对应 $V_{CE} = 0$ 和 $V_{CE} > 1V$ 的两条输入特性曲线,如图 3.1.4 所示。

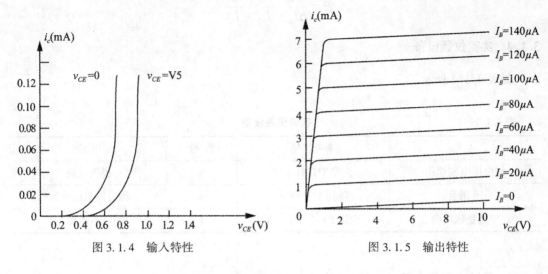

图 3.1.4 输入特性　　　　图 3.1.5 输出特性

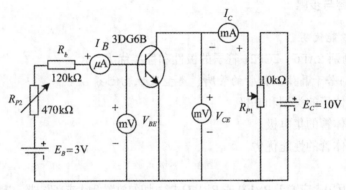

图 3.1.6 逐点法测绘特性曲线的测量电路

(2)输出特性曲线测量。

维持 I_B 为某一定值后,逐点改变 V_{CE},测出若干对应的 I_C,根据测量数据描绘一条输出特性曲线。依此类推,取不同 I_B 值,如 $I_B = 0\mu A$、$10\mu A$、$20\mu A$、$40\mu A$……即可获得图 3.1.5 所示输出特性曲线族。

(3)电流放大系数(或称电流放大倍数)的测量。

共射直流电流放大倍数为

$$\overline{\beta} = \frac{I_C - I_{CEO}}{I_B}\bigg|_{\Delta V_{CE}=0} \approx \frac{I_C}{I_B}\bigg|_{\Delta V_{CE}=0}$$

共射交流电流放大倍数

$$\beta = \frac{\Delta I_C}{\Delta I_B}\bigg|_{\Delta V_{CE}=0}$$

维持 V_{CE} 为某一固定值,$\Delta V_{CE} = 0$ 情况下,调节 R_{p1},测出某个 I_B 值和相应的 I_C 值,即可求得该工作点上的 V_{CE} 值;仍维持不变,调节 R_{p2},使基极电流从 I_{B1} 变化到 I_{B2},同时测出对应的 I_{C1} 和 I_{C2},于是该工作点附近的交流电流放大数为

$$\beta = \frac{\Delta I_C}{\Delta I_B} = \frac{I_{C1} - I_{C2}}{I_{B1} - I_{B2}}$$

3.1.4 实验仪器设备

如表 3.1.1 所示。

表 3.1.1　　　　　　　　　　　　实验仪器设备

名　称	参考型号	数量	用途
数电模电实验箱	天煌 THDM-1 型	1	提供线路
万用表	胜利 VC890C+	1	测直流电压电流
双路稳压电源	中策 DF1731SLL3A	1	直流电源

3.1.5 实验内容与步骤

1. 判别极性和性能优劣

   用万用表判别 2AP6、2CP21 管子的极性和性能优劣。

2. 用万用表判别若干晶体三极管的管脚、类型及性能优劣

   (1) 判别晶体管的类型和基极。

   (2) 判别晶体管的集电极。

   (3) 估测晶体管的性能优劣。

3. 注意事项

   (1) 测量时万用表应置于 R×100 或 R×1kΩ 挡，切勿放置低欧或高欧档，以防晶体管损坏。

   (2) 万用表的黑棒为正极性，红棒为负极性，切勿与万用表表面上所标的极性符号相混淆。

4. 测量 3DG6B 的输入特性曲线

   按图 3.1.6 连接测试电路

   (1) 调节 R_{P1}，使 $V_{CE} = 0V$ 调节 R_{P2}，分别使 $I_B = 0\mu A$，$5\mu A$，$10\mu A$，$20\mu A$，$30\mu A$，…，测量对应的 V_{BE} 值，填入表 3.1.2 中。

   (2) 调节 R_{P1}，使 $V_{CE} = 5V$。重复上述步骤。

表 3.1.2

条件	I_B(V)	0	5	10	20	30	40	50	60	70	80
$V_{CE} = 0V$	V_{BE}(V)										
$V_{CE} = 5V$	V_{BE}(V)										

5. 测量 3DG6B 的输出特性曲线

   (1) 调节 R_{P2}，使 $I_B = 0\mu A$。调节 R_{P1}，分别使 $V_{CE} = 0V$，$0.3V$，$0.5V$，$1V$，$5V$，

10V,…,测量对应的 I_C 数值,填入表 3.1.3。

表 3.1.3

条 件	$V_{CE}(V)$	0	0.3	0.5	1	2	3	5	10
$I_B = 0\mu A$	$I_C(mA)$								
$I_B = 20\mu A$	$I_C(mA)$								
$I_B = 40\mu A$	$I_C(mA)$								
$I_B = 60\mu A$	$I_C(mA)$								

(2) 调节 R_{P2},使 $I_B = 20\mu A, 40\mu A, 60\mu A,…$,重复上述步骤。

6. 测量并求出 3DG6B 在 $V_{CE} = 6V$ 时的 $\bar{\beta}$、β 值填入表 3.1.4 中。

表 3.1.4

$I_C(mA)$	2	3	4	5	6	7
$I_B(\mu A)$						
$\bar{\beta}$						
$I_C(mA)$						
$I_B(\mu A)$						
β						

3.1.6 注意事项

使用万用表前,一定要查看万用表的挡次是否适当、正确。

3.1.7 实验报告

(1) 整理实验数据,绘出晶体管的特性曲线。
(2) 从输出特性曲线上求取 3DG6B 管的 $V_{CE} = 6V$ 时,$I_C = 3$ mA、5 mA、6 mA 情况下管子的值,并与直测法所得结果相比较。

3.2 单管交流放大电路

3.2.1 实验目的

(1) 学习交流放大电路静态工作点的调试及测量方法。
(2) 学习交流放大电路动态参数的测量方法。
(3) 掌握静态工作点及输入信号变化对输出信号的影响。

(4) 熟悉实验箱的基本结构及其使用方法。

3.2.2 预习思考

(1) 认真阅读教材中有关的章节，熟悉单管放大器的工作原理。

(2) 根据本实验电路参数，估算静态工作点、最大不失真输出电压幅值。

(3) 根据本实验电路参数，估算电压放大倍数 AV、输入电阻 R_i 和输出电阻 R_O。（假设：3DG6 的 HFE=100，$R_{B1}=60\mathrm{k\Omega}$，$R_C=2.4\mathrm{k\Omega}$，$R_L=2.4\mathrm{k\Omega}$）

3.2.3 实验原理

实验电路如图 3.2.1 所示。它采用 R_{B1} 和 R_{B2} 组成的分压偏置电路，三极管选用 ICEO 很小的 3DG6，并设置发射极电阻 RE 以稳定放大器的静态工作点。当放大器输入端接入信号 u_i 时，输出端便可得到一个与 u_i 相位相反，幅值被放大了的输出信号 u_o。放大器的一个基本任务是将输入信号进行不失真的放大。这就要求晶体管放大器必须设置合适的静态工作点(否则就要出现截止失真或饱和失真)。

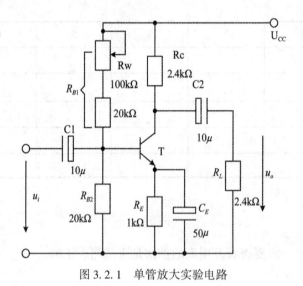

图 3.2.1 单管放大实验电路

1. 放大电路的静态工作点及其调试方法

静态工作点的数值是指放大电路的输入信号 $u_i=0$ 时，即将放大器输入端与地短接，用万用表分别测出晶体管各极的电流与各极间的压降，通常指 I_B、I_C、U_{BE} 和 U_{CE} 等。一般实验中，为了避免断开集电极，所以采用测量电压 U_E 或 U_C，然后算出 I_C 的方法，根据 $I_C \approx I_E = \dfrac{U_E}{R_E}$，$I_C = \dfrac{U_{CC} - U_C}{R_C}$ 算出。

静态工作点的调试是指对晶体管集电极电流 I_C（或 U_{CE}）的调整与测试，常通过调节上偏置电阻(本实验调节 R_{B1} 中的 R_W)来实现。

静态工作点是否合适，对放大器的性能和输出波形都有很大影响。为了使放大电路获得最大不失真的输出电压，静态工作点应选在交流负载线的中点。若工作点太高(即图 3.2.1 中的 R_{B1} 太小，使 I_B 太大)，在输入正弦电压的正半周，晶体管进入饱和区工作，输

出电压 u_o(即 UCE)的负半周被削底，如图 3.2.2(a)所示，这称为饱合失真。如静态工作点太低(即图中的 R_{B1} 太大，使 I_B 太小)，使输入正弦电压的负半周进入晶体管的截止区，U_{CE} 的正半周被缩顶，如图 3.2.2(b)所示，这称为截止失真。这两种工作点都是不适合的，必须对其进行调整，自然输入信号 u_i 的幅值太大，即使工作点选在交流负载线的中点，使三极管工作在非线性区，输出电压仍会出现双向失真。

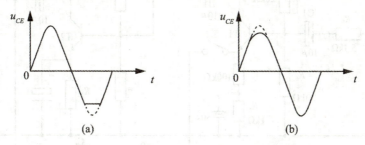

图 3.2.2 静态工作点对 uo 波形失真的影响

对于 NPN 管截止失真为顶部失真，首先出现圆顶(由 PN 结的非线性造成)，饱和失真为底部失真，首先出现平底，PNP 管正好相反。若首先出现顶部失真，应减小 R_W 值，若首先出现底部失真，应增加 R_W 的值，若出现双向失真，应减小输入信号，反复调整 R_W 和 u_i 值，使放大器工作在交流负载线的中点，当波形上下对称时的饱和和截止失真的临界点为最大不失真输出电压(波形为标准正弦波)。

2. 放大电路的电压放大倍数

$$A_u = \frac{\dot{U}_o}{\dot{U}_i} = -\beta\frac{R_c//R_L}{r_{be}}$$

式中，$\dot{U}_o$、$\dot{U}_i$ 分别为放大电路的输出和输入信号电压的有效值；β 为晶体管的电流放大系数；R_C 和 R_L 分别为放大电路的集电极负载和外接负载电阻；负号表明输出与输入正弦信号电压相位相反。实验中须用示波器监视放大电路输出电压的波形，在不失真的情况下用交流毫伏表测量输入输出电压，然后根据上式计算电压放大倍数。

3. 输入电阻的测量

输入电阻 R_i 的大小表示放大电路从信号源或前级放大电路获得电流的多少。输入电阻越大，索取前级电流越小，对前级的就影响越小。

输入电阻的测量原理如图 3.2.3 所示，用交流电压表分别测出 R 两端的电压 u_s 和 u_i，则输入电阻为：

$$R_i = \frac{u_i}{i_i} = \frac{u_i}{(u_s - u_i)/R} = \frac{u_i}{u_s - u_i}R$$

4. 输出电阻的测量

输出电阻的大小表示电路带负载能力的大小。输出电阻越小，带负载能力越强。输出电阻的测量原理图如图 3.2.4 所示。用交流电压表分别测量放大电路的开路电压 u_o 和负载上的电压 u_{oL}，则输出电阻 R_O 为：

$$R_O = \frac{u_o - u_{oL}}{u_{oL}}R_L$$

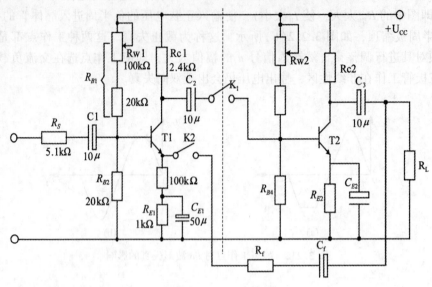

图 3.2.3 实验面板图

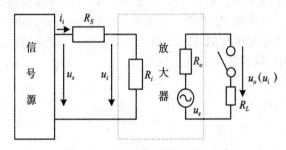

图 3.2.4 输入输出电阻测量电路

3.2.4 实验仪器设备

如表 3.2.1 所示。

表 3.2.1　　　　　　　　　　实验仪器设备

名　称	参考型号	数量	用途
数电模电实验箱	天煌 THDM-1 型	1	提供实验线路
单管放大电路插件		1	
示波器	普源 DS1052E	1	观察波形
低频信号发生器	中策 DF1641B1	1	信号源
万用表	胜利 VC890C+	1	测量静态值
晶体管毫伏表	中策 DF1930A	1	测量动态值

3.2.5 实验内容与步骤

(1) 图 3.2.3 为实验模块的电路图，断开 K_1、K_2，则前级 Ⅰ 为单管放大电路；接通 K_1、K_2 则前级 Ⅰ 和后级 Ⅱ 组成带有电压串联负反馈的两级放大器。将电路接成单管共射放大器，直流电源 U_{CC} 用实验箱上的+15V，输入信号由函数信号发生器提供，并用示波器监视输出电压的波形。

接通直流电源 U_{CC} 前，先将 RW 调至最大，函数信号发生器输出为 0，接通 15V 电源，调节 R_W，使 $I_C = 2.0\text{mA}$（即 $U_E = 2.0\text{V}$），测量此时放大电路的 U_B、U_E、U_C，并用万用表测量 R_{B2} 值，记入表 3.2.2 中。

表 3.2.2　　　　　　　　　　　静态工作点测试数据表

测　　量　　值				计　　算　　值		
$U_B(V)$	$U_E(V)$	$U_C(V)$	$R_{B2}(\text{k}\Omega)$	$U_{BE}(V)$	$U_{CE}(V)$	$I_C(\text{mA})$

(2) 测量电压放大倍数。在放大器输入端加入频率为 1kHz 的正弦信号 u_s，调节函数信号放生器的输出旋钮使放大器输入电压 $U_i \approx 10\text{mV}$，同时用示波器观察放大器输出电压 U_O 波形，在波形不失真的条件下用交流毫伏表测量下述三种情况下的 U_O 值，并用双踪示波器观察 u_o 和 u_i 的关系。记入表 3.2.3 中。

表 3.2.3　　　　　　　　　　　测电压放大倍数

$R_C(\text{k}\Omega)$	$R_L(\text{k}\Omega)$	$U_O(V)$	AV	观察记录一组 u_o 和 u_i 波形
2.4	2.4			
2.4	∞			

(3) 观察静态工作点对输出波形失真的影响。置 $R_L = 2.4\text{k}\Omega$，$u_i = 0$，调节 R_W 使 $I_C = 2.0$ 毫安（即 $U_E = 2.0\text{V}$），测出 U_{CE} 值，再逐步加大输入信号，使输出电压 u_o 足够大但不失真。然后保持输入信号不变，分别增大和减小 RW，使波形出现失真，绘出 u_o 波形，并测出失真情况下的 U_E 和 U_{CE} 值，记入表 3.2.4 中。每次测 U_E 和 U_{CE} 值时都要将信号源的输出旋钮旋至零。

表 3.2.4　　　　　　　　　观察静态工作点对输出波形失真的影响

$U_E(V)$	$U_{CE}(V)$	u_o 波形	失真情况	管子工作状态
2.0				

(4)测量最大不失真输出电压。置 $R_L = 2.4\text{k}\Omega$，按照实验原理所述方法，同时调节输入信号的幅度和电位器 RW，用示波器和交流毫伏表测量 U_{OPP} 及 U_O 值，记入表 3.2.5 中。

(5)按前述 R_O、R_i 的测量方法，测出表 3.3.6 相关参数。

表 3.2.5　　　　　　　　　　动态参数测试数据表

I_C(mA)	I_C(mA)	U_{om}(V)	U_{OPP}(V)

置 $R_L = 2.4\text{k}\Omega$，$I_C = 2.0\text{mA}$，输入 $F = 1\text{kHz}$ 的正弦信号，在输出电压 U_O 不失真的情况下，用交流毫伏表测出 U_S，U_I，U_L。

保持 U_S 不变，断开 R_L，测量输出电压 U_O，记入表 3.2.6 中。

表 3.2.6　　　　　　　　　　输入电阻和输出电阻测量

U_S (mV)	U_i (V)	R_i(kΩ)		U_L (V)	U_O (V)	R_O(kΩ)	
		测量值	计算值			测量值	计算值

3.2.6　注意事项

(1)要获得最大不失真电压要反复的调整信号元的大小和 R_W 的值，只到出现最大不失真的正弦波为止。

(2)最大不失真的电压的临界点是增大一点输入信号，波形出现双向失真。

(3)测量 A_U 时要求输出波形不失真。

3.2.7　实验报告要求

(1)整理实验结果。并把实测的静态工作点、电压放大倍数、输入电阻、输出电阻之值与理论计算值比较，分析产生误差的原因。

(2)总结静态工作点的调整、测量方法。

(3)讨论实验结果，写出对本次实验的心得体会和改进建议。

3.3　射极输出器

3.3.1　实验目的

(1)加深对射极输出器特性的理解，学习其测试方法。

(2)进一步学习放大电路参数的测试方法。

3.3.2　实验预习要求

(1)复习射极跟随器的工作原理。

(2) 根据图电路元件参数值计算静态工作点,并在测得的晶体管输出特性曲线上按表给的参数值,用作图法画出交、直流负载线,从而求输出电压的跟随范围。

3.3.3 实验原理

电路如图 3.3.1 所示。它是一种共集电极接法的电压串联负反馈放大电路。它具有输入电阻高,输出电阻低,电压放大倍数接近于 1,输出电压能够在较大范围内跟随输入电压作线性变化以及输入、输出信号同相等特点。它的输出取自发射极,故称为射极输出器,也称射极跟随器。

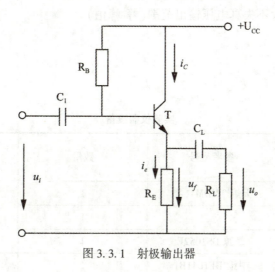

图 3.3.1 射极输出器

1. 输入电阻 R_i

$$R_i = R_B // [r_{be} + (1+\beta)(R_E // R_L)]$$

其中 $(1+\beta)(R_E // R_L)$ 可以理解为折算到基极电路的发射极电阻。由于 R_B 的数值很大,同时 $[r_{be}+(1+\beta)(R_E // R_L)]$ 也比共射极放大电路的输入电阻($ri \approx rbe$)大得多,因此射极输出器的输入电阻很高。

输入电阻的测试方法同单管放大电路,实验电路如图 3.2.4。

$$R_i = \frac{u_i}{i_i} = \frac{u_i}{u_s - u_i} R_S$$

即只要测得 A、B 两点的电位即可计算出 R_i。

2. 输出电阻 R_o

$$R_o \approx \frac{r_{be} + (r_s // R_B)}{\beta}$$

r_s 为信号源内阻。R_o 要比共射极放大电路的输出电阻低得多。

R_o 的测试方法亦同单管放大器,即先测出空载输出电压 u_o,再测出接入负载 R_L 后的输出电压 u_L 则

$$R_o = \left(\frac{u_o}{u_L} - 1\right) R_L$$

3. 电压放大倍数

$$A_u = \frac{(1+\beta)(R_E//R_L)}{r_{be} + (1+\beta)(R_E//R_L)}$$

由上式可知，A_u 小于近于 1，且为正值，即输出电压与输入电压同相，输出电压具有跟随输入电压的作用。但因 $I_e=(1+\beta)I_b$，故仍具有一定的电流放大和功率放大作用。

4. 电压跟随范围

电压跟随范围是指射极输出器输出电压 u_o 跟随输入电压 u_i 作线性变化的范围。当 u_i 超过一定范围时，u_o 便不能跟随 u_i 作线性变化，即 u_o 波形产生了失真。事实上电压跟随范围即是放大电路最大不失真电压输出范围(峰-峰值)。

3.3.4 实验仪器设备

如表 3.3.1 所示。

表 3.3.1　　　　　　　　　　实验仪器设备

名　称	参考型号	数量	用　途
数电模电实验箱	天煌 THDM-1 型	1	提供实验线路
射极放大电路插件		1	
示波器	普源 DS1052E	1	观察波形
低频信号发生器	中策 DF1641B1	1	信号源
万用表	胜利 VC890C+	1	测量静态值
晶体管毫伏表	中策 DF1930A	1	测量动态值

3.3.5 实验内容与步骤

1. 调整静态工作点

按图 3.3.2 接线，不接负载 R_L。接通+12V(或用+15V)直流电源，在 B 点输入 f=1kHz 正弦信号 u_i，输出端用示波器监视输出波形，反复调节 R_W 及信号发生器的输出幅度，使在示波器的屏幕上得到一个最大不失真的输出波形。然后置 $u_i=0$，用万用表的直流电压挡测量晶体管各电极的电位，将数据记入表 3.3.2 中。

表 3.3.2　　　　　　　　　　测试静态工作点数据

U_E(V)	U_B(V)	U_C(V)	URE(V)	R_E(kΩ)	I_E(mA)

2. 测量电压放大倍数 A_u

在步骤一的条件下接通信号源，接入负载 $R_L=1$kΩ，用晶体管毫伏表测 u_i 及 u_L 值，

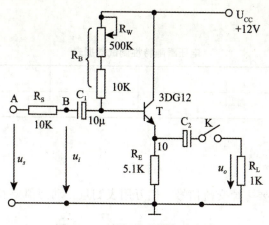

图 3.3.2　射极输出器实验电路

将数据记入表 3.3.3 中，并计算 A_u。

表 3.3.3　测量电压放大倍数数据

$u_i(V)$	$u_L(V)$	$A_u = u_L/u_i$

3. 测量输出电阻 R_O

在步骤二的条件下，再测出空载时的输出电压 u_o，将数据记入表 3.3.4 中，并计算 R_o。

表 3.3.4　测量输出电阻数据

$u_o(V)$	$u_L(V)$	$R_o(k\Omega)$

4. 测量输入电阻 R_i

在 A 点加 f=1kHz 的正弦信号 u_s，在输出不失真的情况下，用晶体管毫伏表分别测出 A、B 点的电位 u_s、u_i，将数据记入表 3.3.5 中，并计算 R_i。

表 3.3.5　测量输入电阻数据

$u_S(V)$	$u_i(V)$	$R_i(k\Omega)$

5. 测试跟随特性

接入负载 $R_L=1k\Omega$，在 B 点输入 f=1kHz 正弦信号 u_i，保持原来的 R_W 不变，逐渐增

大 u_i，直到输出波形最大又不失真，在此范围内，用晶体管毫伏表测量等间距的五个 u_i 值及对应的 u_L 值，将数据记入表 3.3.6 中。以 u_i 为横坐标，以 u_L 为纵坐标，作 $u_L \sim u_i$ 图。

表 3.3.6　　　　　　　　　　电压跟随特性测试数据表

u_i(V)					
u_L(V)					

3.3.6　注意事项

(1) 注意测静态值要去掉交流信号，用万用表测量；动态值要有交流信号且用交流毫伏表测量。

(2) 测量跟随特性时要求五组数据的输出波形都不失真。

3.3.7　实验报告

(1) 整理实验数据，并画出 $U_L=f(u_i)$ 和 $U_L=f(f)$ 曲线。

(2) 分析射极跟随器的性能和特点。

3.4　差动放大电路

3.4.1　实验目的

(1) 加深对差动放大电路特点的理解。

(2) 学习差动放大电路主要性能指标的测试方法。

3.4.2　实验预习要求

(1) 了解差动放大器的工作原理和调试步骤。

(2) 根据电路参数计算静态工作点。

(3) 了解差动放大器共模抑制比的测量方法。

3.4.3　实验原理

在直接耦合放大电路中，抑制零点漂移最有效的电路结构是差动放大电路。因此，要求较高的多级直接耦合放大电路的前置级广泛采用这种电路。

1. 差动放大电路的结构

图 3.4.1 为差动放大电路的基本结构。它由两个元件参数相同的基本共射极放大电路组成。当开关 K 拨向左边时，构成典型的差动放大电路。

R_E 的作用是对共模输入信号有较强的负反馈作用，可以有效地稳定电路的工作点，从而限制每一个晶体管的漂移范围，进一步减小零点漂移，但对差模输入信号无负反馈作用。

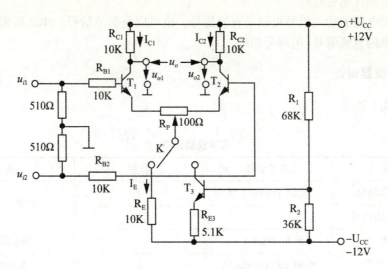

图 3.4.1 差动放大实验电路

电位器 R_P 是调平衡用的，又称调零电位器。因为电路不可能完全对称，当输入电压为零(把两输入端接地)时，输出电压不一定等于零。但 R_P 对差模信号将起负反馈作用，因此阻值不宜过大。

2. 差模电压放大倍数

两输入端输入的信号电压大小相等，极性相反，即 $u_{i1}=-u_{i2}$，称为差模输入信号。当采用双端输出时，其差模电压放大倍数为

$$A_d=\frac{u_o}{u_i}=\frac{\Delta U_{c1}-\Delta U_{c2}}{u_{i1}-u_{i2}}$$

式中，$\Delta U_{C1}=UR'_{C1}-U_{C1}$；$\Delta U_{C2}=UR'_{C2}-U_{C2}$。$U_{C1}$ 和 U_{C2} 分别为 T_1、T_2 两管集电极静态电位；U'_{C1} 和 U'_{C2} 是有输入信号时两管的集电极电位。ΔU_{C1} 和 ΔU_{C2} 分别为两管在输入信号作用下集电极信号电位。

3. 共模电压放大倍数与共模抑制比

两输入信号电压大小相等、极性相同，即 $u_{i1}=u_{i2}=u_i$，称为共模信号输入。在两边电路理想对称的情况下，$\Delta U_{C1}=\Delta U_{C2}$，$u_o=\Delta U_{C1}-\Delta U_{C2}=0$，其双端输出的共模电压放大倍数为

$$A_C=\frac{u_o}{u_i}=0$$

但电路不可能理想对称，所以 A_C 不可能为零。

为了全面衡量差动放大电路放大差模信号和抑制共模信号的能力，常用共模抑制比作为一项技术指标。其定义为差模信号的电压放大倍数 A_d 与对共模信号的电压放大倍数 A_c 之比即

$$K_{\text{CMRR}}=\left|\frac{A_d}{A_C}\right|$$

显然，A_d 越大、A_c 越小时共模抑制比越大，即抑制共模信号的能力越强，漂移量越

小，差动电路的性能也越好。

差动放大电路的输入信号可以是直流信号，也可以是交流信号。本实验采用直流信号采样电路提供的直流信号(电路介绍略)。

3.4.4 实验仪器设备

如表3.4.1所示。

表3.4.1　　　　　　　　　　　　实验仪器设备

名　称	参考型号	数量	用　途
数电模电实验箱	天煌 THDM-1 型	1	提供实验线路
差动放大电路插件		1	
万用表	胜利 VC890C+	1	测量静态值
直流稳压电源	中策 DF1731SLL3A	1	提供电源

3.4.5 实验内容与步骤

1. 接电源

将实验箱上的±15V 电源接到实验电路的±12V 上。

2. 调零并测量静态工作点

将电路中的 K 拨向左边，构成典型的差动放大电路。将两输入端接地使电路处于静态，用万用表的直流电压档测量两输出端间的电压 u_o，同时调节调零电位器 R_P，使 $u_o = 0$。

测量两晶体管的基极、发射极、集电极的静态电位及射极电阻 R_E 上的电压，将数据记入表3.4.2中。

表3.4.2　　　　　　　　　　　　静态值数据表

电位或电压	U_{B1}	U_{C1}	U_{E1}	U_{B2}	U_{C2}	U_{E2}	U_{RE}
测量结果(V)							

3. 双端输入、双端输出的差模放大性能测试

用直流稳压电源的输出作为输入信号，按表二给定的 u_{i1} 和 u_{i2} 的数据输入给电路，测量相应的电位和电压，将数据记入表3.4.3中。

表3.4.3　　　　　　　　　　　　差模放大性能数据表

	$U_{C1}(V)$	$U_{E1}(V)$	$U_{C2}(V)$	$U_{E2}(V)$	$U_{RE}(V)$	$u_o(V)$	$A_d = u_o/u_i$
$u_{i1} = 0.4V \ u_{i2} = -0.4V$							
$u_{i1} = -0.8V \ u_{i2} = 0.8V$							

4. 双端输入、双端输出的共模放大性能测试

先调零复查，然后调节直流稳压电源的输出使 u_{i1} 和 u_{i2} 为表三中所给定的共模信号，测量相应的电位和电压，将数据记入表 3.4.4 中。

表 3.4.4　　　　　　　　　　　　共模放大性能数据表

	$U_{C1}(V)$	$U_{C2}(V)$	$U_{RE}(V)$	$u_o(V)$	$A_C = u_o/u_i$
$u_{i1}=u_{i2}=u_i=0.2V$					
$u_{i1}=u_{i2}=u_i=0.4V$					

5. 计算 $u_{i1}=u_{i2}=0.4V$ 时双端输出的共模抑制比 K_{CMRR}

3.4.6　注意事项

(1) 实验全过程应保证电路参数的对称性，调零电位器一旦调定后不能随意变动，正、负电源电压也不能有变动。由于环境温度等因素的影响，差动电路的静态工作点会变动，故实验过程中有必要复查调零。

(2) 注意实验箱和差动插件的地要共地。

3.4.7　实验报告要求

(1) 将实验数据列成表格，并求出测量值与计算值的误差。
(2) 根据实验中观察到的现象，分析差动放大器对零点漂移的抑制能力。

3.5　场效应管放大电路

3.5.1　实验目的

(1) 了解结型场效应管的性能和特点。
(2) 学习场效应管放大电路静态工作点的调整和测量方法。
(3) 进一步熟悉放大电路动态参数的测试方法。

3.5.2　预习要求

(1) 复习有关场效应管部分内容，并分别用图接法与计算法估算管子的静态工作点(根据实验电路参数)，求出工作点处的跨导 g_m。

(2) 在测量场效应管静态工作点电压 U_{GS} 时，能否用直流电压表直接并在 G、S 两端测量？为什么？

3.5.3　实验原理

场效应管是一种新型的半导体器件，它具有输入电阻高(可达 $10^9 \sim 10^{14}\Omega$)、噪声低、热稳定性好、抗辐射能力强、耗电少等优点。因此被广泛地用于各种电子线路中。

场效应管按其结构可分为结型场效应管和绝缘栅型场效应管两种类型。本实验由 N 沟道结型场效应管组成共源极放大电路，采用分压式偏置电路，其电路如图 3.5.1 所示。

图 3.5.2 是 3DJ6F 型场效应管的管脚图。

1. 静态工作点的设置与调整

要使场效应管正常工作，必须像双极型晶体管放大电路一样，设置合适的静态工作点。

图 3.5.1 中 R_{G1} 和 R_{G2} 为栅极分压电阻，设置 R_G 是为了提高电路的输入电阻。由于栅极电流近似为零，所以电阻 R_G 上无电压降，因此

$$U_{GS} = U_G - U_S = \frac{R_{G2}}{R_{G1}+R_{G2}}U_{DD} - R_S I_D$$

在 $U_{GS} > U_{GS}(\text{off})$ 的范围内，转移特性可近似表示为

$$I_D = I_{DSS}\left(1 - \frac{U_{GS}}{U_{GS(\text{off})}}\right)^2$$

其中 $U_{GS}(\text{off})$ 称为夹断电压；I_{DSS} 称为饱和漏极电流（即 $U_{GS}=0$ 时的漏极电流）。由以上二式即可确定电路的 I_D 和 U_{GS}。

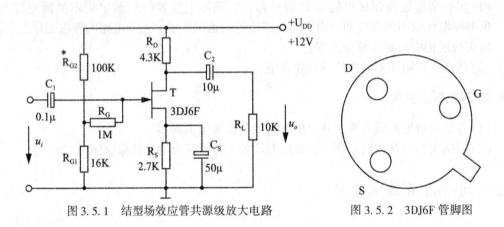

图 3.5.1 结型场效应管共源级放大电路　　图 3.5.2 3DJ6F 管脚图

调整静态工作点依靠调节栅源之间的偏压 U_{GS} 来获得。实际操作时是调节 R_{G2} 或 R_S。

2. 动态分析

场效应管是电压控制元件，即漏极电流 i_d 受栅源电压 U_{GS} 的控制。因此，当把信号电压 u_i 加到输入回路后，就会使 U_{GS} 发生变化，从而引起 i_d 的变化，此变化的 i_d 通过 R_D 就会转变成一个变化的电压，此电压即为输出电压 u_o。在输入小信号的情况下，电压放大倍数为：

$$A_u = \frac{u_o}{u_i} = \frac{u_o}{u_{GS}} = -\frac{i_d R'_L}{u_{GS}} = -g_m R'_L$$

式中，g_m 为跨导；　　　　　　　　　$R'_L = R_D // R_L$

输入电阻：
$$R_i = \frac{u_i}{i_i} = R_G + \frac{R_{G1}R_{G2}}{R_{G1}+R_{G2}}$$

输出电阻：
$$R_O = R_D$$

3. 输入电阻的测量方法

测量电路如图 3.5.3 所示。由于场效应管的输入电阻 R_i 比较大，直接测输入电压 u_S 和 u_i 来计算 R_i，限于测量仪器的输入电阻有限，必然会带来较大误差。因此常利用放大电路的隔离作用，通过测量输出电压 u_o 来计算输入电阻。

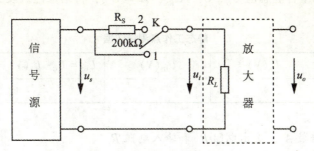

图 3.5.3 输入电阻测量电路

在放大电路的输入端串入电阻 R_S，把开关 K 掷向 1（即 RS=0），测量放大电路的输出电压 $u_{o1}(=Au\ uS)$；保持 u_S 不变，再把 K 掷向 2（即接入 R_S），测量放大电路的输出电压 u_{o2}。由于两次测量 A_u 和 u_S 不变故

$$u_{o2} = A_u u_i = \frac{R_i}{R_s + R_i} u_s A_u$$

由 $u_{o1} = A_u u_s$ 和上式可得

$$R_i = \frac{u_{o2}}{u_{o1} - u_{o2}} R_s$$

3.5.4 实验仪器设备

如表 3.5.1 所示。

表 3.5.1　　　　　　　　　　　　实验仪器设备

名　称	参考型号	数量	用途
数电模电实验箱	天煌 THDM-1 型	1	提供实验线路
场效应管电路插件		1	
示波器	普源 DS1052E	1	观察波形
低频信号发生器	中策 DF1641B1	1	信号源
万用表	胜利 VC890C+	1	测量静态值
晶体管毫伏表	中策 DF1930A	1	测量动态值
直流稳压电源	中策 DF1731SLL3A	1	提供电源

3.5.5 实验内容与步骤

1. 静态工作点的调整与测量

按图 3.5.1 接线。取 $u_i=0$，接通+12V 电源，用万用表的直流电压挡测 R_D 两端的电压 URD，调节 R_{G2} 使 URD＝0.86V，则漏极电流为

$$I_D = \frac{U_{R_D}}{R_D} = \frac{0.86V}{4.3K\Omega} = 0.2mA$$

在此情况下测量各静态值 U_G、U_S、U_{RS}，计算 U_{GS}，将结果记入表 3.5.2 中。

表 3.5.2　　　　　　　　　　　　静态工作点测量数据

U_G(V)	U_S(V)	U_{DS}(V)	$U_{GS} = U_G - U_S$(V)	I_D(mA)
				0.2

2. 测量电压放大倍数 A_u、输出电阻 R_o 和输入电阻 R_i

(1) A_u 和 R_o 的测量。

在步骤 1 的情况下，在放大电路的输入端输入 100mV、1kHz 的正弦信号 u_i，用示波器监视输出电压 u_o 的波形，在 u_o 的波形不失真的条件下，用晶体管毫伏表分别测量 $R_L = \infty$ 和 $R_L = 10\text{k}\Omega$ 时的输出电压 u_o（保持 ui 幅值不变），记入表 3.5.3 中。

表 3.5.3　　　　　　　　　　　　A_u 和 R_O 的测量数据

	u_i(V)	u_o(V)	A_u	R_O(kΩ)	u_i 和 u_o 的波形
$R_L = \infty$					
$R_L = 10\text{K}$					

用示波器同时观察并描绘 u_i 和 u_o 的波形，分析它的相位关系。

(2) R_i 的测量。

在步骤 1 的情况下，按图 3.5.3 改接电路。保持 u_S 不变，用晶体管毫伏表分别测出 K 掷向 1 和掷向 2 时的输出电压 u_{o1} 和 u_{o2}，计算 R_i，将数据记入表 3.5.4 中。

表 3.5.4　　　　　　　　　　　　R_i 的测量数据

u_{o1}(V)	u_{o2}(V)	R_S(kΩ)	R_i(kΩ)

3.5.6　实验报告要求

(1) 整理实验数据，将测得的 A_V、R_i、R_O 和理论值进行比较。
(2) 把场效应管放大器和晶体管放大器进行比较，总结场效应管放大器的特点。
(3) 分析测试中的问题，总结实验收获。

3.6　负反馈放大电路

3.6.1　实验目的

(1) 加深理解反馈放大电路的组成及负反馈对放大电路性能的影响。

(2)进一步学习放大电路基本参数的测试方法。

3.6.2 预习思考

(1)复习负反馈放大器的工作原理。
(2)估算开环、闭环两种情况下，电压放大倍数、输入电阻、输出电阻的变化情况。
(3)对照实验电路和实验装置，熟悉各开关、插孔、电位器的位置与作用。

3.6.3 实验原理

负反馈在电子电路中有着非常广泛的应用，虽然它使放大器的放大倍数降低，但能在很多方面改善放大电路的工作性能。如稳定放大倍数，改变输入、输出电阻，改善波形失真和展宽通频带等。因此，几乎所有的实用放大电路都带有负反馈。

负反馈有四种组态，即电流串联负反馈；电压并联负反馈；电压串联负反馈；电流并联负反馈。本实验只研究电压串联负反馈。

1. 电压串联负反馈

图 3.6.1 为带有负反馈的两级阻容耦合放大电路，在电路中通过 R_f 把输出电压 u_o 引回到输入端，加在晶体管 T1 的发射极上，在发射极电阻 RF1 上形成反馈电压 U_f。由于反馈信号提高了 T1 发射极的交流电位(即减小了 T1 的 U_{be})且与输入信号串联，故属于电压串联负反馈。电路主要参数的计算公式如下：

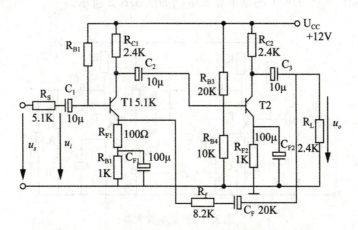

图 3.6.1 带有串联负反馈的两极组容耦合放大电路

(1)闭环电压放大倍数：

$$A_f = \frac{A}{1 + AF}$$

其中，$A = u_o/u_i$ 为基本放大电路(无反馈)的电压放大倍数，即开环电压放大倍数。因 AF 为正实数，所以 $|A_f| < |A|$，也即引入负反馈后放大倍数降低了。1+AF 称反馈深度，其值决定负反馈对放大器性能改善的程度。

(2)反馈系数：

$$F = \frac{R_{F1}}{R_f + R_{F1}}$$

(3) 输入电阻:

$$R_{if} = (1+AF)R_i$$

R_i 为基本放大电路的输入电阻。由式可见加负反馈后输入电阻增大。

(4) 输出电阻:

$$R_{of} = \frac{R_o}{1 + A_o F}$$

R_o 为基本放大电路的输出电阻；A_o 为基本放大电路 $RL = \infty$ 时的电压放大倍数。由式可见加负反馈后输出电阻减小。

2. 基本放大电路(无反馈)的实现方法

基本放大电路(无反馈)是去掉反馈作用且又要把反馈网络的影响(负载效应)考虑到基本放大电路中去，为此：

(1) 在画基本放大电路的输入回路时，因为是电压负反馈，所以可将负反馈放大电路的输出端交流短路，即令 $u_o = 0$，此时 R_f 相当于并联在 R_{F1} 上。

(2) 在画基本放大电路的输出回路时，由于是串联负反馈，因此需将反馈放大电路的输入端(T1管的射极)开路，此时($R_{F1}+R_f$)相当于并接在输出端。可近似认为 R_f 并接在输出端。

由以上原则绘出图 3.6.1 的基本放大电路如图 3.6.2 所示。

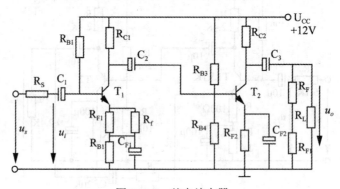

图 3.6.2 基本放大器

3. 输入电阻 R_i 和输出电阻 R_o 的测量

(1) R_i 的测量。

由图 3.2.4，在被测放大电路的输入端与信号源之间串入一电阻 R_S，在放大电路正常工作的情况下，用交流毫伏表测出 u_s 和 u_i，则

$$R_i = \frac{U_i}{i_i} = \frac{u_i}{u_R/R_S} = \frac{u_i}{u_s - u_i} R_s$$

(2) R_o 的测量。

由图 3.2.4，在放大电路正常工作的条件下，测出不接负载 R_L 时的输出电压 u_o 和接入负载后的输出电压 u_L，由于

3.6 负反馈放大电路

$$u_L = \frac{R_L}{R_0 + R_L} u_o$$

可求得

$$R_0 = \left(\frac{u_o}{u_L} - 1\right) R_L$$

测试时必须保持 R_L 接入前后输入信号的大小不变。

3.6.4 实验仪器设备

表 3.6.1　　　　　　　　　　实验仪器设备

名　称	参考型号	数量	用　途
数电模电实验箱	天煌 THDM-1 型	1	提供实验线路
多级放大电路插件		1	
示波器	普源 DS1052E	1	观察波形
低频信号发生器	中策 DF1641B1	1	信号源
万用表	胜利 VC890C+	1	测量静态值
晶体管毫伏表	中策 DF1930A	1	测量动态值

3.6.5 实验内容与步骤

1. 测量静态工作点

实验电路用图 3.6.1。将该实验模块电路中的 A 点和地短路(先不接信号源)，接通 K_1 和 K_2，调节 R_{W1} 和 R_{W2} 使 UCE1 和 U_{CE2} 为 6V 左右(用万用表的直流电压档测)，然后测量第一级、第二级的 UB、UE、UC 及 URC 并计算 IC，将数据记入表 3.6.2 中。

表 3.6.2　　　　　负反馈放大电路静态工作点测试数据

	U_B(mV)	U_E(V)	U_C(V)	U_{RC}(V)	I_C = URC/R(mA)
第一级					
第二级					

2. 测试基本放大电路的主要参数

拆掉短接线，将实验电路按图 3.6.2 改接，即把 Rf 断开后分别并联在 R_{F1} 和 R_L 上，其它连线不动。

(1)调节信号发生器的输出，以频率为 1kHz、电压 u_s 为 5mV(用毫伏表测)的正弦信号输入放大电路，用示波器监视 u_o 的输出波形，在 u_o 不失真的情况下，用晶体管毫伏表测量 u_s、u_i、u_L，将数据记入表 3.6.3 中。

表 3.6.3　基本放大电路、负反馈放大电路的主要参数测试数据

基本放大电路	u_s(mV)	u_i(mV)	u_L(V)	u_o(V)	A_f	R_{if}(kΩ)	R_O(kΩ)
负反馈放大电路	u_s(mV)	u_i(mV)	u_L(V)	u_o(V)	A_f	R_{if}(kΩ)	R_O(kΩ)Ω

(2) 保持 u_s 不变，断开负载电阻 R_L（不要断开 R_f），测量空载时的输出电压 u_o，将数据记入表 3.6.3 中。计算基本放大电路的 A、R_i、R_o。

3. 测试负反馈放大电路的主要参数

(1) 将实验电路恢复为负反馈放大电路，取 u_s = 10mV，f = 1kHz，用示波器观察 u_o 的输出波形，在 u_o 不失真的情况下，用晶体管毫伏表测量 u_s、u_i、u_L，将数据记入表 3.6.3 中。

(2) 保持 u_s 不变，断开负载电阻 R_L，测量空载时的输出电压 u_o，将数据记入表 3.6.2 中。计算负反馈放大电路的 A_f、R_{if}、R_{of}。

4. 观察负反馈对非线性失真的影响

先使实验装置组成不带负反馈的两极放大电路，信号频率仍为 1kHz 不变，逐渐增大信号幅度，当输出波形出现较明显失真（波峰开始被削）时，接入负反馈（拨动 K2），观察 u_0 的失真是否得到改善。

3.6.6　注意事项

不能带电测量电阻，且被测电阻一端一定要与电路断开。

3.6.7　实验报告要求

(1) 整理实验结果。将基本放大电路和负反馈放大电路参数的实测值和理论估算值进行比较，分析其误差原因。

(2) 根据实验结果说明电压串联负反馈对放大器性能的影响。

3.7　集成运算放大器

3.7.1　实验目的

(1) 学习集成运算放大器的使用方法。
(2) 学习集成运算放大器的电压传输特性的测试方法。
(3) 验证用集成运算放大器组成的比例、加法、比例积分等电路的功能。

3.7.2　预习思考

(1) 复习运算放大器的工作原理和主要参数的物理意义。
(2) 了解待测运算放大器的技术性能，分清各个管脚的作用。
(3) 弄清各测试电路的工作原理。

3.7.3 实验原理

集成运算放大器(简称集成运放)是一种高增益的直接耦合电路。当外部接入不同的线性或非线性元器件组成的输入和负反馈电路时,可以实现各种特定的函数关系。在线性应用方面,可组成比例、加法、减法、微分、积分、对数等模拟运算电路。

理想运放有以下特性:

开环电压放大倍数 $A_{uo} \to \infty$;

差模输入电阻 $rid \to \infty$;

开环输出电阻 $r_o \to 0$;

共模抑制比 $K_{CMRR} \to \infty$。

理想运放工作在线性区时,由于运算放大器的差模输入电阻 $rid \to \infty$,故可认为两个输入端的输入电流为零。因为 $u_o = A_{uo}(u_+ - u_-)$,开环电压放大倍数 $A_{uo} \to \infty$,而输出电压 u_o 为有限值,因此 $u_+ \approx u_-$,在反相端有输入、同相端接"地"时,$u_- \approx 0$ 称为"虚地"。

图 3.7.1 为理想运放的图形符号。反相输入端标"−"号表示 u_o 和 u_- 反相;同相输入端和输出端标"+"号,表示 u_o 和 u_+ 同相。"∞"表示开环电压放大倍数 $A_{uo} \to \infty$;"▷"含义是箭头,其指向是信号的传递方向。

本实验用的运算放大器型号为 LM358,图 3.7.2 是实验电路。下面介绍几种基本运算电路及其运算关系。

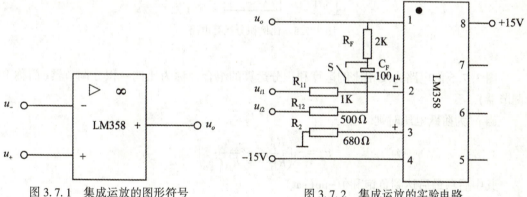

图 3.7.1 集成运放的图形符号　　　图 3.7.2 集成运放的实验电路

1. 反相比例运算

电路如图 3.7.3 所示。其输出电压与输入电压的关系为

$$u_o = -\frac{R_F}{R_{11}} u_i$$

负号表示 u_o 与 u_i 反相。为了消除静态基极电流对输出电压的影响,在同相输入端接入平衡电阻 $R_2 = R_{11} // R_F$。

2. 反相加法运算

电路如图 3.7.4 所示。其输出电压与输入电压的关系为

$$u_o = -\left(\frac{R_F}{R_{11}} u_{i1} + \frac{R_F}{R_{12}} u_{i2}\right)$$

$$R_2 = R_{11} // R_{12} // R_F$$

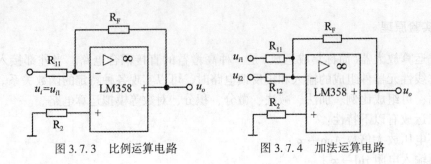

图 3.7.3 比例运算电路　　　　　图 3.7.4 加法运算电路

3. 比例积分运算电路

反相比例积分电路如图 3.7.5 所示。其输出与输入电压的关系为

$$u_o = -\left(\frac{R_F}{R_{11}}u_i + \frac{1}{R_{11}C_F}\int u_i \mathrm{d}t\right)$$

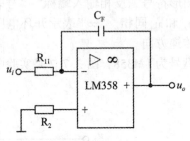

图 3.7.5 比例积分运算电路

图 3.7.5 的电路为反相比例运算和积分运算的组合,称为比例—积分调节器(简称 PI 调节器)。

当 u_i 为阶跃电压时则

$$u_o = -\left(\frac{R_F}{R_{11}}u_i + \frac{u_i}{R_{11}C_F}t\right)$$

其中后项最后达到负饱和值 $-u_o(\mathrm{sat})$。

3.7.4 实验仪器设备

如表 3.7.1 所示。

表 3.7.1　　　　　　　　　　实验仪器设备

名　称	参考型号	数量	用途
数电模电实验箱	天煌 THDM-1 型	1	提供实验线路
集成芯片	LM358	1	
低频信号发生器	中策 DF1641B1	1	信号源
直流稳压电源	中策 DF1731SLL3A	1	提供电源
晶体管毫伏表	中策 DF1930A	1	测量动态值

3.7.5 实验内容与步骤

1. 反相比例运算

按图 3.7.2 接线，将实验箱中的 ±15V 电源和地接入电路。闭合 S，图 3.7.2 的电路就成了图 3.7.3 的反相比例运算电路。输入信号 $u_i = u_{i1}$ 用直流稳压电源（地线一定要接实验箱的地线），按表 3.7.1 u_{i1} 的规定数据用万用表直流电压档分别测出 uo，将数据记入表 3.7.2 中。以 u_o 为纵坐标、以 u_i 为横坐标，作电压传输特性曲线。

表 3.7.2　　　　　　　　　　反相比例运算实验数据表

$u_{i1}(V)$	-3	-2	-1	-0.5	0	0.5	1	2	3
$u_o(V)$									

2. 反相加法运算

在步骤一的情况下，u_{i1} 和 u_{i2} 用直流稳压电源，按表 3.7.2 规定的 u_{i1} 和 u_{i2} 的数据用万用表分别测出 u_o，将数据记入表 3.7.3 中。

表 3.7.3　　　　　　　　　　反相加法运算实验数据表

$u_{i1}(V)$	2	-3	1	-2	+3.5
$u_{i2}(V)$	-1	2	1	-2	+3.5
$u_o(V)$					

3. 反相比例积分运算

(1) 在步骤二的情况下，$u_{i1} = 1V$，测量此时的输出电压，将数据记入表 3.7.4 中。

表 3.7.4　　　　　　　　　　比例积分运算实验数据表

$u_o'(V)$	$u_o(sat)(v)$

(2) 调整示波器，扫描速率取 0.5s/格，垂直衰减为 0.2V/格。将电路的输出接示波器的一个通道。

(3) 手握开关 S，眼睛盯着荧光屏，当光点刚从屏幕左上方出现时，断开 S 即串入反馈电容 C_F，观察光点的轨迹，此轨迹就是积分波形，最后稳定值就是运放在 ±15V 电压下的饱和值 $-u_o(sat)$，用万用表测量此时的 $u_o(sat)$，由初始值和饱和值 $u_o(sat)$，以时间 t 为横坐标、以 uo 为纵坐标绘出比例积分波形。

3.7.6 注意事项

实验时看清运放组件各管脚的位置；切忌正、负电源极性接反和输出端短路，否则将会损坏集成块。

3.7.7 实验报告要求

（1）整理实验结果。
（2）将反向比例运算、加法运算的实验结果与理论值相比较，分析误差原因。
（3）分析比例积分运算曲线 $u_o=f(t)$ 的形状，说明他与 u_{i1}、R_{11}、C_F 的关系。

3.8 RC 振荡电路

3.8.1 实验目的

（1）掌握 RC 振荡电路的工作原理。
（2）验证自激振荡条件。
（3）学习振荡频率的测量方法，掌握选频网络参数对振荡频率的影响。

3.8.2 预习思考

（1）复习 RC 振荡电路的原理。
（2）如何用示波器来测量振荡电路的振荡频率。

3.8.3 实验原理

本实验的电路如图 3.8.1 所示。它是以 RC 串并联网络作为选频网络、以两级共射极放大电路组成的 RC 振荡电路。选频电路接在两级阻容耦合放大电路的输出端，即放大电路的输出电压 u_o 是选频电路的输入电压。并联的 RC 两端的电压 u_f 作为反馈电压加到放大电路的输入端。选频电路在谐振频率时，u_f 最大且与 u_o 同相，两级放大电路的输出电压 u_o 又与其输入电压 u_i 同相，所以反馈电压 u_f 与放大电路的输入电压 u_i 同相，这就形成了正反馈，满足了自激振荡的相位条件。

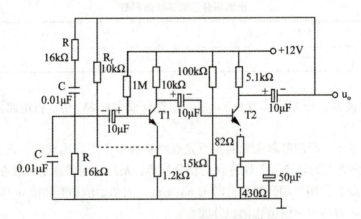

图 3.8.1 RC 串并联选频网络振荡器

通过选频电路，反馈信号 u_f 的幅值衰减到 1/3，即反馈系数 $F = u_f/u_o = 1/3$，起振时只要放大电路的电压放大倍数 $A_u>3$ 即可满足起振条件，使振荡幅度不断增大，最后受晶体管非线性的限制，使振荡幅度自动稳定下来，此时 A_u 降为3，满足了自激振荡的幅值条件。

放大电路还有电压串联负反馈，输出电压 u_o 通过 R_f 反馈到 T1 的发射极，R_{E1} 上的电压即为负反馈电压。调节 R_f 就可调节负反馈量，可以调到使起振时的电压放大倍数稍大于3。此外引入负反馈后，还可以提高振荡电路的稳定性并改善输出电压波形。

3.8.4 实验仪器设备

表 3.8.1　　　　　　　　　　　　实验仪器设备

名　称	参考型号	数量	用途
数电模电实验箱	天煌 THDM-1 型	1	提供实验线路
RC 电路插件		1	
示波器	普源 DS1052E	1	观察波形
晶体管毫伏表	中策 DF1930A	1	测量动态值

3.8.5 实验内容与步骤

(1)将直流稳压电源输出的+15V 电压接至电路
用示波器观察输出电压 u_o 的波形，缓慢调节 R_f，使 u_o 为大小合适而稳定的正弦波。
(2)用晶体管毫伏表测量输出电压 u_o 和反馈电压 u_f
对放大电路而言，其输入电压 u_i 即为 u_f，将数据记入表格 3.8.1 中，并计算放大电路的电压放大倍数 Au 和反馈系数 F。
(3)将振荡电路的电阻 R 换为 10kΩ，再作上述步骤二
(4)用李萨如图形法测试振荡频率 f_0

在步骤二的情况下，将示波器 CH1 通道的 Y 轴移位旋钮拉出，则 CH1 通道即为 X 轴，CH2 通道即为 Y 轴。将 RC 振荡电路的输出端(并联 R、C 的两端)接示波器的 CH1(或 CH2)输入通道，低频信号发生器输出的正弦信号接示波器的另一输入通道。将示波器的垂直方式置 ALT(两通道交替显示)，内触发源置交替触发，触发方式置 TV。适当调节两个通道垂直衰减和信号发生器输出的幅度，使波形大小适中。缓慢调节信号发生器输出的频率接近于 f_0 的理论值，直到荧光屏上的图形为一稳定的圆或椭圆，则信号发生器的频率读数即为 RC 振荡电路的振荡频率 f_0，将数据记入表格 3.8.2 中。

表 3.8.2

	f_0(Hz)	u_o(V)	u_f(V)	$A_u = u_o/u_f$	$F = u_f/u_o$
R = 16kΩ　　C = 0.01μF					
R = 10kΩ　　C = 0.01μF					

(5)在步骤(3)的情况下,重复上述步骤(4)。

3.8.6 注意事项

(1)同时使用的仪器设备和实验装置要共地。
(2)集成运算放大器的工作电压不得超过±15V。

3.8.7 实验报告要求

(1)整理实验结果。
(2)由给定电路参数计算振荡频率,并与实测值比较,分析误差产生的原因。

3.9 LC 正弦波振荡器

3.9.1 实验目的

(1)掌握变压器反馈式 LC 正弦波振荡器的调整和测试方法。
(2)研究电路参数对 LC 振荡器起振条件及输出波形的影响。

3.9.2 实验预习要求

(1)复习教材中有关 LC 振荡器的内容。
(2)LC 振荡器是怎样进行稳幅的?在不影响起振的条件下,晶体管的集电极电流是大一些好,还是小一些好?

3.9.3 实验原理

LC 正弦波振荡器是用 L,C 元件组成选频网络的振荡器,一般用来产生 1MHz 以上的高频正弦信号。根据 LC 调谐回路的不同连接方式,LC 正弦波振荡器又可分为变压器反馈式(或称互感耦合式)、电感三点式和电容三点式 3 种。图 3.9.1 为变压器反馈式 LC 正弦波振荡器的实验电路,其中,晶体三极管 T_1 组成共射放大电路,变压器 Tr 的原绕组 L_1(振荡线圈)与电容 C 组成调谐回路它既作为放大器的负载,又起选频作用,副绕组 L_2 为反馈线圈,L_3 为输出线圈。

该电路靠变压器原、副绕组同名端的正确连接(如图 3.9.1 中所示)来满足自激振荡的相位条件,即满足正反馈条件。而振幅条件的满足,一是靠合理选择电路参数,使放大器建立合适的静态工作点;其次是改变线圈 L_2 的匝数,或它与 L_1 之间的耦合程度,以得到足够强的反馈量。稳幅作用是利用晶体管的非线性来实现的。由于 LC 并联谐振回路具有良好的选频作用,因此输出电压波形一般失真不大。

振荡器的振荡频率由谐振回路的电感和电容决定:

$$f_0 = \frac{1}{2\pi\sqrt{LC}}$$

式中,L 为并联谐振回路的等效电感(即考虑其他绕组的影响)。

振荡器的输出端增加一级射极跟随器,用以提高电路的带负载能力。

3.9 LC正弦波振荡器

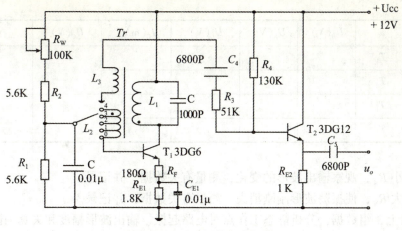

图 3.9.1　LC 振荡实验电路

3.9.4　实验仪器设备

表 3.9.1　　　　　　　　　　实验仪器设备

名　称	参考型号	数量	用　途
数电模电实验箱	天煌 THDM-1 型	1	提供实验线路
LC 电路插件		1	
示波器	普源 DS1052E	1	观察波形
低频信号发生器	中策 DF1641B1	1	信号源
万用表	胜利 VC890C+	1	测量静态值
晶体管毫伏表	中策 DF1930A	1	测量动态值

3.9.5　实验内容及步骤

按图 3.9.1 连接实验电路，电位器 R_W 置最大位置，振荡电路的输出端接示波器。

1. 静态工作点的调整

(1) 接通 V_{CC} = +12V 电源，调节电位器 R_W，使输出端得到不失真的正弦波形。如不起振，可改变 L_2 的首、末端位置，使之起振。测量两管的静态工作点及输出正弦波的有效值，记入表 3.9.2 中。

表 3.9.2　　**LC 正弦波振荡器静态工作点数据表**

		U_B(V)	U_E(V)	U_C(V)	I_C(mA)	U_O(V)	u_o 波形
R_W 居中	T_1						
	T_2						

续表

		U_B(V)	U_E(V)	U_C(V)	I_C(mA)	U_O(V)	u_o波形
R_W小	T_1						
	T_2						
R_W大	T_1						
	T_2						

(2) 减小 R_W，观察输出波形的变化，测量有关数据，并记录。

(3) 增大 R_W，使振荡波形刚刚消失，测量有关数据，并记录。

根据以上 3 组数据，分析静态工作点对电路起振、输出波形幅度和失真的影响。

2. 观察反馈量大小对输出波形的影响

置反馈线圈 L_2 于位置 0(无反馈)，1(反馈量不足)，2(反馈量合适)，3(反馈量过强)时，测量相应的输出电压波形，记入表 3.9.3 中。

表 3.9.3　　　　　　　　　　　反馈量与输出波形关系表

L_2位置	"0"	"1"	"2"	"3"
U_o波形				

3. 验证相位条件

(1) 改变线圈 L_2 的首、末端位置，观察停振现象。

(2) 恢复 L_2 的正反馈接法，改变 L_1 的首、末端位置，观察停振现象。

4. 测量振荡频率

调节 R_W，使电路正常起振，同时用示波器和频率计测量以下两种情况下的振荡频率 f_O，记入下表中。

(1) 谐振回路电容 C = 1000pF。

(2) 谐振回路电容 C = 100pF。

表 3.9.4　　　　　　　　　　　振荡频率表

C(pF)	1000	100
f_O(Hz)		

5. 观察谐振回路 Q 值对电路工作的影响

在谐振回路两端并入 R = 5.1kΩ 的电阻，观察 R，并入前后振荡波形的变化情况。

3.9.6　实验报告要求

整理实验数据，并分析讨论：

(1) LC 正弦波振荡器的相位条件和幅值条件。

(2)电路参数对 LC 振荡器起振条件及输出波形的影响。
(3)讨论实验中发现的问题及解决办法。

3.10 OTL 互补对称功率放大电路

3.10.1 实验目的

(1)进一步理解 OTL 功率放大电路的工作原理。
(2)学会 OTL 电路的调试及主要性能指标的测试方法。

3.10.2 实验预习要求

(1)复习有关 OTL 工作原理部分内容。
(2)弄清对功放电路的基本要求及 OTL 互补对称功放电路的工作原理。

3.10.3 实验原理

图 3.10.1 所示为 OTL 互补对称低频功率放大电路。其中由晶体三极管 T1 组成推动级(如称前置放大级),T2、T3 是一对参数对称的 NPN 和 PNP 型晶体三极管,它们组成互补推挽 OTL 功放电路。由于每一个管子都接成射极输出器形式,因此具有输出电阻低、负载能力强等优点,适合于作功率输出级。

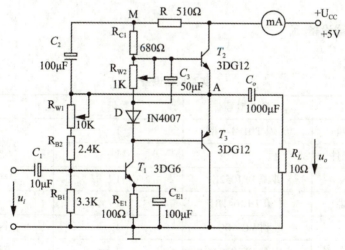

图 3.10.1 OTL 放大实验电路

1. 静态工作点的调试与稳定

T1 管工作于甲类状态,它的集电极电流 IC1 由电位器 R_{W1} 进行调节。IC1 的一部分流经电位器 R_{W2} 及二极管 D,给 T2、T3 提供偏压。调节 R_{W2},可以使 T2、T3 得到合适的静态电流而工作于甲、乙类状态,以克服交越失真。静态时要求输出端中点 A 的电位 $U_A = 0.5U_{CC}$,可以通过调节 R_{W1} 来实现,又由于 R_{W1} 的一端接在 A 点,A 点的电位 U_A 对 T1 的输入形成交、直流电压并联负反馈。直流电压负反馈可使静态时 U_A 稳定在 $0.5U_{CC}$;

交流电压负反馈可稳定 T1 的输出电压,从而稳定 T2、T3 的静态工作点。

2. 动态工作情况

当输入正弦交流信号 u_i 时,经 T1 放大、倒相后同时作用于 T2、T3 的基极,u_i 的负半周 T3 管导通(T2 管截止),输出电压 uo 处于正半周,同时向电容 C_o 充电;在 u_i 的正半周,T2 导通(T3 截止),则已充好电的电容器 C_o 起着电源的作用对 T2 供电,输出电压 u_o 处于负半周,这样在 R_L 上就得到完整的正弦波。

R_{W2} 上并联的旁路电容 C_3 的目的是在动态时使 T1、T2 的基极交流电位相等,否则将会造成输出波形正、负半周不对称的现象。C_2 和 R 构成自举电路,当 u_i 处于负半周、T_3 导通时,可使 M 点的电位随着 A 点电位的升高而自动"举高"(因 $u_M \approx u_A + u_{C2}$),从而保证 A 点电位向+UCC 接近时,也能给 T3 管提供足够的基流,使 T3 充分导通,增加输出电压 u_o 的正半周幅度,以得到大的动态范围。

3. 最大不失真输出功率及效率

输出电压 u_o 最大且不失真时,电路的输出功率最大,此时

$$P_{omax} = \frac{U_{omax}^2}{R_L}$$

功率放大电路的效率是最大输出功率与供电功率之比即

$$\eta = \frac{P_{omax}}{P_E}$$

理想情况下 $\eta = 78.5\%$。在实验中,可测量电源供给的平均电流 I_{dc},从而求得 PE = UCCI$_{dc}$。

3.10.4 实验仪器设备

表 3.10.1　　　　　　　　　　　　实验仪器设备

名　称	参考型号	数量	用　途
数电模电实验箱	天煌 THDM-1 型	1	提供实验线路
OTL 功放电路插件		1	
示波器	普源 DS1052E	1	观察波形
低频信号发生器	中策 DF1641B1	1	信号源
万用表	胜利 VC890C+	1	测量静态值
晶体管毫伏表	中策 DF1930A	1	测量动态值
直流稳压电源	中策 DF1731SLL3A	1	提供电源

3.10.5 实验内容与步骤

1. 静态工作点的调整与测试

(1)按图 3.10.1 连接电路。置输入信号 u_i 为零,电位器 R_{W2} 置最小值,接入+5V 电源。

(2) 用万用表直流电压档监视 A 点的电位，调节 R_{W1} 使 $U_A = 0.5U_{CC} = 2.5\text{V}$。

(3) 接入频率为 1kHz 的输入信号 u_i，在 u_i 幅值较小的情况下，用示波器观察 u_o 的波形，描绘 u_o 的交越失真波形。

(4) 缓缓增大电位器 R_{W2} 的阻值，同时观察 u_o 的波形，使 u_o 的交越失真基本消失。然后再检查 A 点的电位，如有变动再微调 R_{W1} 使 $U_A = 0.5\text{UCC}$。调节 R_{W1} 和 R_{W2} 时一定要注意旋转方向与阻值增减的关系，调节要缓慢。

(5) 在完成上述步骤后，则认为静态工作点已调好，如无特殊情况再不要旋动 R_{W1} 和 R_{W2}。撤除输入信号 u_i，测量此时的静态值 U_{B1}、U_{E1}、U_{C1}、$I_{C3}(=I_{C2})$，其中 I_{C3} 用万用表的直流毫安挡串入电源进线中进行测量，因 I_{C1} 值较小，因此可近似把放大电路的总电流当作本级的静态电流。将数据记入表 3.10.2 中。

表 3.10.2　　　　　　　　　　静态工作点测试数据表

$U_{B1}(\text{V})$	$U_{C1}(\text{V})$	$U_{E1}(\text{V})$	$I_{C2}(\text{mA})$

2. 测量最大输出功率及效率

(1) 输入 $f=1\text{kHz}$ 的正弦信号 u_i，用示波器监视输出电压 u_o 的波形，逐渐增大 u_i 使输出电压最大且不失真，用晶体管毫伏表测出此时的输出电压 U_{OMAX} 及输入电压 U_{iM}，并测量电源供给的平均电流 I_{dc}，将数据记入表 3.10.2 中。

(2) 保持 u_i 不变，去掉自举电路(将 C2 开路、R 短路)，观察 u_o 波形幅度的变化。

(3) 去掉自举电路后，重测步骤(1)的内容，将数据记入表 3.10.3 中。并计算两种情况下的电压增益 Au，最大输出功率 P_{OMAX} 及效率 η。

表 3.10.3　　　　　　　　　　放大性能实验数据表

	$U_{iM}(\text{V})$	$U_{OMAX}(\text{V})$	$I_{dc}(\text{A})$	$R_L(\Omega)$	$P_{OMAX}(\text{W})$	$Au=U_{OMAX}/U_{iM}$	η
有自举电路							
无自举电路							

3.10.6　注意事项

(1) 电源和信号发生器的输出绝对不能短路，仪器仪表和实验装置要共地。

(2) 输入信号 u_i 不可过大，否则会损坏晶体管 T1 的发射结。

3.10.7　实验报告要求

(1) 整理实验数据，计算静态工作点、最大不失真输出功率 POM、效率 η 等，并与理论值进行比较。画出频率响应曲线。

(2) 分析自举电路的作用。

(3) 画出交越失真的波形并说明失真的原因。

3.11 集成电路(压控振荡器)构成的频率调制器

3.11.1 实验目的

(1)进一步了解压控振荡器和用它构成频率调制的原理。
(2)掌握集成电路频率调制器的工作原理。

3.11.2 预习要求

(1)查阅有关集成电路压控振荡器资料。
(2)认真阅读指导书,了解566(VCO的单片集成电路)的内部电路及原理。
(3)搞清566外接元件的作用。

3.11.3 实验原理

图3.11.1为566型单片集成VCO的框图及管脚排列。

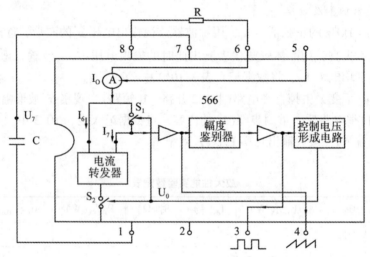

图3.11.1 566(VCO)的框图及管脚排列

图3.11.1中幅度鉴别器,其正向触发电平定义为V_{SP},反向触发电平定为V_{SM},当电容C充电使其电压V_7(566管脚7对地的电压)上升至V_{SP},此时幅度鉴别器翻转,输出为高电平,从而使内部的控制电压形成电路的输出电压,该电压V_0为高电平;当电容C放电时,其电压V7下降,降至V_{SM}时幅度鉴别器再次翻转,输出为低电平从而使V_0也变为低电平,用V_0高,低电平控制S_1和S_2两开关的闭合与断开。V_0为低电平时S_1闭合,S_2断开,这时$I_6=I_7=0$,I_0全部给电容C充电,使V_7上升,由于I_0为恒流源,V_7线性斜升,升至V_{SP}时V_0跳变为高电平,V_0高电平时控制S2闭合,S1断开,恒流源I_0全部流入A支路,即$I_6=I_0$,由于电流转发器的特性,B支路电流I_7应等于I_6,所以$I_7=I_0$,该电流由C放电电流提供,因此V7线性斜降,V7降至V_{SM}时V_0跳变为低电平,如此周而复始循环下去,I_7及V_0波形如图3.11.2所示。

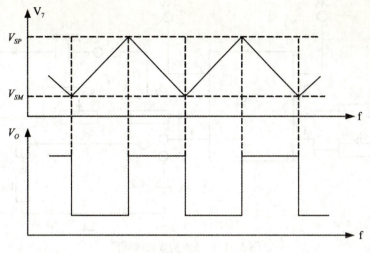

图 3.11.2

556 输出的方波及三角波的载波频率(或称中心频率)可用外加电阻 R 和外加电容 C 来确定。

$$f = \frac{2(v_8 - v_5)}{RCV_8} \text{ (Hz)}$$

其中：R 为时基电阻；
　　　C 为时基电容；
　　　V_8 是 566 管脚 8 至地的电压；
　　　V_5 是 566 管脚 5 至地的电压。

3.11.4　实验仪器设备

表 3.11.1　　　　　　　　　　　实验仪器设备

名　称	参考型号	数量	用途
数电模电实验箱	天煌 THDM-1 型	1	提供实验线路
集成芯片	566	1	
示波器	普源 DS1052E	1	观察波形
低频信号发生器	中策 DF1641B1	1	信号源
万用表	胜利 VC890C+	1	测量静态值

3.11.5　实验内容及步骤

实验电路见图 3.11.3。
1. 观察 R，C1 对频率的影响(其中 R = R3+R_{P1})
　按图连线，将 C1 接入 566 管脚 7，R_{P2} 及 C2 接至 566 管脚 5；接通电源(±5)。

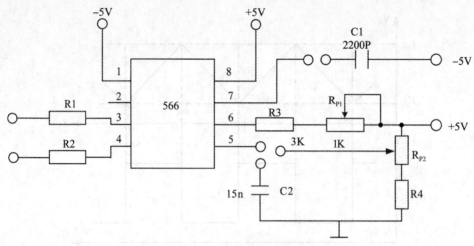

图 3.11.3 566 构成的调频器

调 R_{P2} 使 V5＝3.5V，将频率计接至 566 管脚 3，改变 R_{P1} 观察方波输出信号频率，记录当 R 为最大和最小值时的输出频率，并与实际测量值进行比较。用双踪示波器观察并记录 R＝R_{MIN} 时方波及三角波的输出波形。

2. 观察输入电压对输出频率的影响

(1) 直流电压控制：先调 R_{P1} 至最大，然后改变 R_{P2} 调整输入电压,,测当 V_5 在 2.2～4.2V 变化时输出频率 f 的变化，V_5 按 0.2V 递增。将测得的结果填入表 3.11.2 中。

表 3.11.2

V_5(V)	2.2	2.4	2.6	2.8	3	3.2	3.4	3.6	3.8	4	4.2
F(MHz)											

(2) 用交流电压控制：仍将 R 设置为最大，断开 5 脚所接 C2，R_{P2}，将图 3.11.4（即：输入信号电路）的输出 OUT 接至图 3.11.3 中 566 的 5 脚。

① 将函数发生器的正弦波调制信号 e_m（输入的调制信号）置为 f＝5kHz，V_{P-P}＝1V，然后接至图 3.11.4 电路的 IN 端。用双踪示波器同时观察输入信号 e_m 和 566 管脚 3 的调频（FM）方波输出信号，观察并记录当输入信号幅度 V_{P-P} 和频率 f_m 有微小变化时，输出波形如何变化。注意：输入信号 e_m 的 V_{P-P} 不要大于 1.3V。

注意：为了更好的用示波器观察频率随电压变化情况，可适当微调调制信号的频率，即可达到理想的观察效果。

② 调制信号改用方波信号 e_m，使其频率 f_m＝1kHz，V_{P-P}＝1V，用双踪示波器观察并记录 e_m 和 566 管脚 3 的调频（FM）方波输出信号。

3.11.6 实验报告要求

(1) 阐述 566（VCO 的单片集成电路）的调频原理。

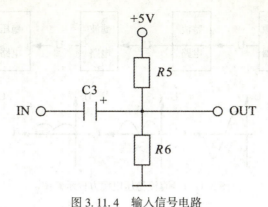

图 3.11.4 输入信号电路

(2) 整理实验结果,画出电路图,说明调频概念。
(3) 根据实验,说明接在 566 管脚 6 上 R 的作用,计算当 R 最大、最小时 566 的频率,并与实验结果进行比较。

3.12 集成直流稳压电源

3.12.1 实验目的

(1) 掌握单相桥式整流电路、电容滤波电路的特点。
(2) 学习三端集成稳压器的应用。
(3) 进一步熟悉万用表和示波器的使用方法。

3.12.2 实验预习思考题

(1) 复习教材中有关集成稳压器部分内容。
(2) 在测量温压系数 S 和内阻 R_0 时,应怎样选择测试仪表。

3.12.3 实验原理

直流稳压电源由电源变压器、整流、滤波和稳压电路四部分组成,其原理框图如图 3.12.1 所示。电源变压器将电网供给的(220V 50Hz)的市电降压,经整流电路变换成方向不变、大小随时间变化的脉动电压,再经滤波电路滤去其交流分量,就可得到比较平直的直流电压。但这样的直流电压还会随电网电压的波动和负载的变化而变化。对于直流供电要求较高的场合,还需要使用稳压电路,以保证输出直流电压更加稳定。

目前,由分立元件组成的稳压器几乎被淘汰,取而代之的是应用广泛的集成稳压器。集成稳压器具有体积小、外接线路简单、使用方便、工作可靠和通用性强等特点。集成稳压器的种类很多,应根据设备对直流电源的要求来选择。对于大多数电子仪器、设备和电子电路来说,通常选用串联线性稳压器,在这种类型的器件中,又以三端式稳压器应用最为广泛。

W7800 系列三端式集成稳压器的输出电压是固定的,在使用中不能调整。其外形及

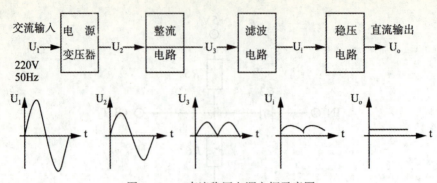

图 3.12.1 直流稳压电源方框示意图

接线如图 3.12.2 所示。IN 为不稳定电压输入端，GND 为公共端，OUT 为稳定电压输出端。W7800 系列三端式稳压器输出正极性电压，一般有 5V、6V、9V、12V、15V、18V、24V 七个档次，加装散热片后输出的最大电流可达 1.5A。稳压器内部具有过流、过热和安全工作区保护电路，一般不会因过载而损坏。W7900 系列三端式集成稳压器内部结构和性能参数与 W7800 相同，只是输出负极性电压。

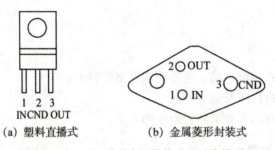

图 3.12.2　7800 系列稳压器外形及引线排列

当集成稳压器本身输出的电压或电流不能满足要求时，可通过外接电路来进行扩展，图 3.12.3 是一种简单的输出电压扩展电路，只要适当地选择电阻值，使稳压管工作在稳压区，则输出电压 $U_o = 12 + U_Z$，可以高于稳压器本身的输出电压。图 3.12.4 是通过外接晶体管 T 及电阻 R_1 来进行电流扩展的电路。电阻 R_1 的值由外接晶体管的发射结电压 U_{BE}、三端稳压器的输入电流 I_i（近似等于三端稳压器的输出电流 I_{O1}）和晶体管的基极电流 I_B 确定。

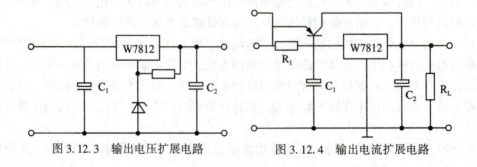

图 3.12.3　输出电压扩展电路　　　图 3.12.4　输出电流扩展电路

集成稳压器的主要参数

1. 稳压系数 S(电码调整率)

电压调整率是指负载不变,输出电压相对变化量与输入电压相对变化量之比。即:

$$S = \frac{\frac{\Delta U_O}{U_O}}{\frac{\Delta U_I}{U_I}}$$

由于工程上常将电网电压波动±10%作为极限条件,因此也有将此时的电压变化量 $\frac{\Delta U_O}{U_O}$ 作为衡量指标,称为电压调整率。

2. 输出电阻 R_o

R_o 是指输入电压(稳压电路的输入电压)保持不变,由于负载变化而引起的输出电压变化量与输入电压变化量之比。即

$$R_O = \frac{\Delta U_O}{\Delta I_O}$$

3. 纹波电压

纹波电压是指在额定负载条件下,输出电压中所含交流分量的有效值(或峰值)。

实验电路如图 3.12.5 所示,本实验所用集成稳压器为三端固定正稳压器 W7812,C_1 为滤波电容;C_2 用于抑制过压和纹波;C_3 用于改善负载的瞬态响应。

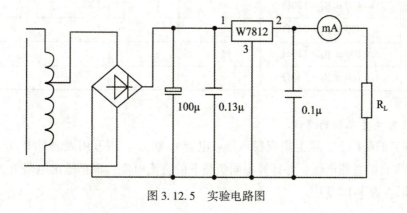

图 3.12.5 实验电路图

3.12.4 实验仪器设备

表 3.12.1　　　　　　　　实验仪器设备

名称	参考型号	数量	用途
数电模电实验箱	天煌 THDM-1 型	1	提供实验线路
稳压电路插件		1	
示波器	普源 DS1052E	1	观察波形

续表

名称	参考型号	数量	用途
万用表	胜利 VC890C+	1	测量静态值

3.12.5 实验内容与步骤

1. 整流电路的测试

先不接滤波、稳压电路，U_2 取 14V 作为整流电路的输入电压，负载分别接 120Ω 和 240Ω 的电阻用交流毫伏表测 U_L 的交流分量，用万用表的直流挡测 U_L 的直流分量，用示波器观察 U_L 的波形，将数据分别记入表 3.12.1 中。

2. 滤波电路的测试

在步骤一的基础上，接上电容 C_1，其大小按表 3.12.1 的数值选取，再分别测出 U_L 的交流分量、直流分量以及波形，分别记入表 3.12.2 中。

表 3.12.2　　　　　　　　　　**整流、滤波电路参数测量值**

电路形势		$U_L(V)$	$U_L(V)$	U_L 波形
整流电路	$R_L = 120Ω$			
	$R_L = 240Ω$			
滤波电路	$C = 470\mu$　$R_L = 120Ω$			
	$C = 470\mu$　$R_L = 240Ω$			
	$C = 100\mu$　$R_L = 120Ω$			
	$C = 100\mu$　$R_L = 240Ω$			

3. 集成稳压器主要参数的测试

在步骤二的基础上，接上集成稳压器、电容 C_2 和 C_3。用万用表测量 R_L 分别取 120Ω 和 240Ω 时各自的直流电压，并计算不同负载下的直流电流，根据输出电阻 R_O 的计算式，算出 R_O，记入表 3.12.3 中。

表 3.12.3　　　　　　　　　　**集成稳压器的主要参数**

$R_O(Ω)$	$U_L(V)$	S	
		$R_L = 120Ω$	$R_L = 240Ω$

用交流毫安表测量 R_L 取 120Ω 和 240Ω 时的纹波电压，记入表 3.12.2 中。

将电源变压器的副边电压分别改为 10V、17V，模拟电网电压波动，R_L 取 120。测量在不同输入电压下的集成稳压器的输入电压和输出电压。计算出不同输入电压下的稳压系数，取最大值记入表 3.12.3 中。

3.12.6 注意事项

(1)换接线路或实验完毕拆线时,应先断交流电源,防止碰线造成短路事故或带电拆线伤人。

(2)不得用示波器观察 220V 的交流电源电压。

3.12.7 实验报告要求

(1)整理实验数据,按同一比例描出各波形。
(2)总结直流稳压电源各组成环节的作用。

3.13 晶闸管可控整流电路

3.13.1 实验目的

(1)学习单结晶闸管和晶闸管的简易测试方法。
(2)熟悉单结晶体管触发电路(阻容移相桥触发电路)的工作原理及调试方法。
(3)熟悉用单结晶体管触发电路控制晶闸管调压电路的方法。

3.13.2 实验预习要求

(1)复习晶闸管可控整流部分的内容。
(2)为什么可控整流电路必须保证触发电路与主电路同步?本实验是如何实现同步的?
(3)可以采取哪些措施改变触发信号的幅度和移相范围?

3.13.3 实验原理

可控整流电路的作用是把交流电变换为电压值可以调节的直流电。图 3.13.1 所示为单相半控桥式整流实验电路。主电路由负载 R_L(灯泡)和晶闸管 T_1 组成,触发电路为单结晶体管 T_2 及一些阻容移相桥触发电路。改变晶闸管 T_1 的导通角,便可调节主电路的可控输出整流电压(或电流)的数值,这点可由灯泡负载的亮度变化看出。晶闸管导通角的大小决定于触发脉冲的频率 f,由公式

$$f = \frac{1}{RC}\ln\frac{1}{1-\eta}$$

可知,当单结晶体管的分压比 η(一般在 0.5~0.8 之间)及电容 C 值固定时,则频率 f 大小由 R 决定,因此,通过调节电位器 R_W,使可以改变触发脉冲频率,主电路的输出电压也随之改变,从而达到可控调压的目的。

用万用电表的电阻挡(或用数字万用表二级管挡)可以对单结晶体管和晶闸管进行简易测试。图 3.13.2 为单结晶体管 BT33 管脚排列、结构图及电路符号。好的单结晶体管 PN 结正向电阻 R_{EB1}、R_{EB2} 均较小,且 R_{B1E}、R_{B2E} 均应较大,根据所测阻值,即可判断出各管脚及管子的质量优劣。

图 3.13.3 为晶闸管 3CA3A 管脚排列、结构图及电路符号。晶闸管阳极(A)——阴极(K)及阳极(A)——门极(G)之间的正、反向电阻 R_{AK}、R_{KA}、R_{AG}、R_{GA} 均应很大,而

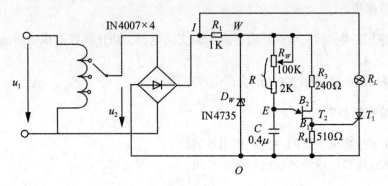

图 3.13.1 单相半控桥式整流实验电路

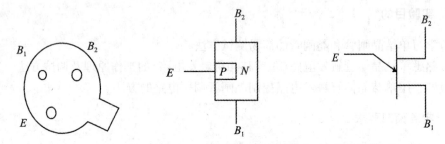

图 3.13.2 单结晶体管 BT33 管脚排列、结构图及电路符号

G——K 之间为一个 PN 节，PN 节正向电阻应较小，反向电阻应很大。

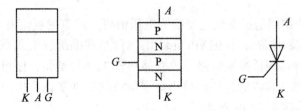

图 3.13.3 晶闸管 3CA3A 管脚排列、结构图及电路符号

3.13.4 实验仪器设备

表 3.13.1　　　　　　　　　实验仪器设备

名 称	参考型号	数量	用 途
数电模电实验箱	天煌 THDM-1 型	1	提供实验线路
电路插件		1	
示波器	普源 DS1052E	1	观察波形

续表

名 称	参考型号	数量	用 途
低频信号发生器	中策 DF1641B1	1	信号源
晶体管毫伏表	中策 DF1930A	1	测量静态值
数字万用表	胜利 VC890C+	1	测量动态值

3.13.5 实验内容及步骤

1. 单结晶体管的简易测试

用万用电表 R×10Ω 挡分别测量 EB_1、EB_2 间正、反向电阻，记入表 3.13.2 中。

表 3.13.2

R_{EB1}	R_{EB2}	R_{B1E}	R_{B2E}	结论

2. 晶闸管的简易测试

用万用表 R×1K 挡分别测量 A—K、A—G 间正、反向电阻；用 R×10Ω 挡测量 G—K 间正反向电阻，记入表 3.13.3 中。

表 3.13.3

$R_{AK}(kΩ)$	$R_{KA}(kΩ)$	$R_{AG}(kΩ)$	$R_{GA}(kΩ)$	$R_{GK}(kΩ)$	$R_{KG}(kΩ)$	结论

3. 晶闸管导通，关断条件测试

断开±12V、±15V 直流电源，按图 3.13.4 连接电路。

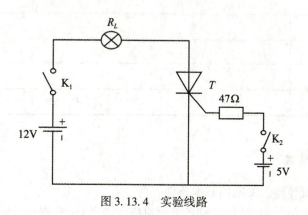

图 3.13.4 实验线路

(1) 晶闸管阳极加 12V 正向电压，门极 a) 开路 b) 加 5V 正向电压，观察管子是否导通

(导通时灯泡亮，关断时灯泡熄灭)，管子导通后，c)去掉+5V门极电压、d)反接门极电压(接-5V)，观察管子是否继续导通。

(2)晶闸管导通后，a)去掉+12V阳极电压、b)反接阳极电压(接-12V)，观察管子是否关断。记录之。

4. 晶闸管可控整流电路

按图3.13.4连接实验电路。取可调工频电源14V电压作为整流电路输入电压u_2值，电位器R_W置中间位置。

(1)单结晶体管触发电路。

①断开主电路(把灯泡取下)，接通工频电源，测量U_2值。用示波器依次观察并记录交流电压u_2、整流输出电压u_1(I—O)、削波电压u_W(w—O)、锯齿波电压u_E(E—O)、触发输出电压u_{B1}(B_1—O)。记录波形时，注意各波形间对立关系，并标出电压幅度及时间。记入表3.13.4中。

表3.13.4

u_2	u_1	u_W	u_E	u_{B1}	移相范围

②改变移向电位器R_W阻值，观察u_E及u_{B1}波形的变化及u_{B1}的移相范围，记入表3.13.3中。

(2)可控整流电路。

断开工频电源，接入负载灯泡R_L，再接通工频电源，调节电位器R_W，使电灯又暗到中等亮，再到最亮，用示波器观察晶闸管两端电压u_{T1}、负载两端电压u_L，并测量负载电流电压U_L及工频电源电压U_2有效值，记入表3.13.5中。

表3.13.5

	暗	较亮	最亮
u_L波形			
u_T波形			
导通角			
U_L(V)			
U_2(V)			

3.13.6 实验报告要求

(1)总结晶闸管导通、关断的基本条件。

(2)画出实验中记录的波形(注意各波形对应的关系)，并进行讨论。

(3)分析实验中出现的异常现象。

第4章 数字电子实验

4.1 晶体管开关特性、限幅器与钳位器

4.1.1 实验目的

(1) 观察晶体二极管、三极管的开关特性,了解外电路参数变化对晶体管开关特性的影响。
(2) 掌握限幅器和钳位器的基本工作原理。

4.1.2 预习要求

(1) 复习晶体管的结构特性。
(2) 掌握晶体管的参数定义。

4.1.3 实验原理

1. 晶体二极管的开关特性

由于晶体二极管具有单向导电性,故其开关特性表现在正向导通与反向截止两种不同状态的转换过程。

如图4.1.1电路,输入端施加一方波激励信号 v_i,由于二极管结电容的存在,因而有充电、放电和存储电荷的建立与消散的过程。因此当加在二极管上的电压突然由正向偏置($+V_1$)变为反向偏置($-V_2$)时,二极管并不立即截止,而是出现一个较大的反向电流 $-\dfrac{V_2}{R}$,并维持一段时间 t_s(称为存储时间)后,电流才开始减小,再经 t_f(称为下降时间)后,反向电流才等于静态特性上的反向电流 I_0。将 $t_{rr}=t_s+t_f$ 叫做反向恢复时间,t_{rr} 与二极管的结构有关,PN结面积小,结电容小,存储电荷就少,t_s 就短,同时也与正向导通电流和反向电流有关。

当管子选定后,减小正向导通电流和增大反向驱动电流,可加速电路的转换过程。

2. 晶体三极管的开关特性

晶体三极管的开关特性是指管子从截止到饱和导通,或从饱和导通到截止的转换过程,而且这种转换都需要一定的时间才能完成。

如图4.1.2电路的输入端,施加一个足够幅度(在$-V_2$和$+V_1$之间变化)的矩形脉冲电压激励信号 v_i,就能使晶体管从截止状态进入饱和导通状态,再从饱和导通状态进入截止状态。可见晶体管T的集电极电流 i_c 和输出电压 v_0 的波形已不是一个理想的矩形波,其起始部分平顶部分都延迟了一段时间,其上升沿和下降沿都变得缓慢了,如图4.1.2波形所

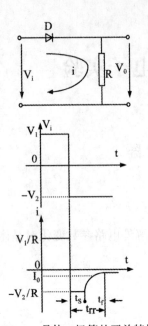
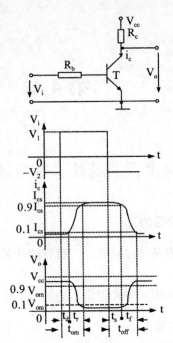

图 4.1.1　晶体二极管的开关特性　　　图 4.1.2　晶体三极管的开关特性

示，从 u_i 开始跃升到 i_C 上升到 $0.1\,I_{CS}$，所需时间定义为延迟时间 t_d，而 i_C 从 $0.1\,I_{CS}$，增长到 $0.9\,I_{CS}$ 的时间为上升时间 t_r，从 v_i 开始下降，到 i_C 下降到 $0.9\,I_{CS}$ 的时间为存储时间 t_s，而 i_C 从 $0.9\,I_{CS}$ 下降到 $0.1\,I_{CS}$ 的时间为下降时间 t_f，通常称 $t_{on}=t_d+t_r$ 为三极管的"接通时间"，$t_{off}=t_s+t_r$ 称为"断开时间"，形成上述开关特性的主要原因是晶体管结电容引起的。

改善晶体三极管开关特性的方法是采用加速电容 C_b 和在晶体管的集电极加二极管 D 箝位，如图 4.1.3 所示。

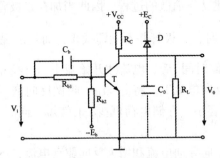

图 4.1.3　改善三极管开关特性的电路

C_b 是一个近百 pF 的小电容，当 v_i 正跃变期间，由于 C_b 的存在，R_{b1} 相当于被短路，v_i 几乎全部加到基极上，使 T 迅速进入饱和，t_d 和 t_r 大大缩短。当 v_i 负跃变时，R_{b1} 再次被短路，使 T 迅速截止，也大大缩短了 t_s 和 t_r，可见 C_b 仅在瞬态过程中才起作用，稳态时相当于开路，对电路没有影响。C_b 即加速了晶体管的接通过程又加速了断开过程，故称之为加速电容，这是一种经济有效的方法，在脉冲电路中得到广泛应用。

箝位二极管 D 的作用是当管子 T 由饱和进入截止时，随着电源对分布电容和负载电容的充电，v_0 逐渐上升。因为 $V_{CC}>E_C$，当 v_0 超过 E_C 后，二极管 D 导通，使 v_0 的最高值被箝位在 E_C，从而缩短 v_0 波形的上升边沿，而且上升边的起始部分又比较陡，所以大大缩短了输出波形的上升时间 t_r。

3. 利用二极管与三极管的非线性可构成限幅器和箝位器

它们均是一种波形变换电路，在实际中均有广泛的应用。二极管限幅器和箝位器是利用二极管导通时和截止时呈现的阻抗不同来实现限幅，其限幅电平由外接偏压决定。三极管则利用其截止和饱和特性实现限幅，箝位的目的是将脉冲波形的顶部或底部箝制在一定的电平上。

4.1.4 实验设备与器件

仔细查看数字电路实验装置的结构：直流稳压电源、信号源、逻辑开关、逻辑电平显示器、元器件位置的布局及使用方法。

表 4.1.1　　　　　　　　　　实验设备与器件

名　称	参考型号	数量	用　途
数字电路实验箱	天煌仪器	1	提供线路
双踪示波器	普源 DS1052E	1	观察波形
信号源	中策 DF1641B1	1	提供信号
晶体管	3DG6、3DK2、3AK2	各 1	
直流数字电压表	胜利 VC890C+	1	测量电压

4.1.5 实验内容与步骤

在实验装置合适位置放置元件，然后接线。

1. 二极管反向恢复时间的观察

按图 4.1.4 接线，E 为偏置电压(0~2V 可调)

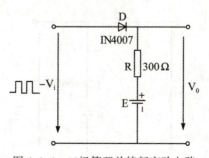

图 4.1.4　二极管开关特新实验电路

(1) 输入信号 v_i 为频率 $f=100\text{kHz}$、幅值 $V_m=3\text{V}$ 方波信号，E 调至 0V，用双踪示

波器观察和记录输入信号 V_i 和输出信号 v_0 的波形,并读出存贮时间 t_s 和下降时间 t_r 的值。

(2)改变偏值电压 E(由 0 变到 2V),观察输出波形 v_0 的 t_s 和 t_r 的变化规律,记录结果进行分析。

2. 三极管开关特性的观察

(1)按图 4.1.5 接线,输入 V_I 为 100KHz 方波信号,晶体管选用 3DG6A。

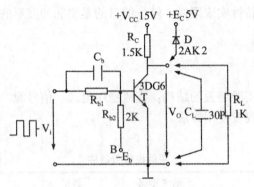

图 4.1.5 三极管开关特性实验

(2)将 B 点接至负电源—E_b,使—E_b 在 0～-4V 内变化。观察并记录输出信号 v_0 波形 t_d、t_r、t_s 和 t_r 变化规律。

(3)将 B 点换接在接地点,在 R_{b1} 上并-30pF 的加速电容 C_b,观察 C_b 对输出波形的影响,然后将 C_b 更换成 300pF,观察并记录输出波形的变化情况。

(4)去掉 C_b,在输出端接入负载电容 C_b = 30pF,观察并记录输出波形的变化情况。

(5)在输出端再并接一负载电阻 R_I = 1kΩ,观察并记录输出波形的变化情况。

去掉 R_I,接入限幅二极管 D(2AK2),观察并记录输出波形的变化情况。

3. 二极管限幅器

按图 4.1.6 接线,输入 v_i 为 f = 10KHz,V_{pp} = 4V 的正弦波形信号,令 E = 2V、1V、0V、-1V,观察输出波形 v_0,并列表记录。

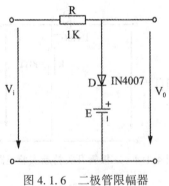

图 4.1.6 二极管限幅器

4. 二极管箝位器

按图 4.1.7 接线，v_i 为 f=10KHz 的方波信号，令 E=1V、0V、-1V、-3V、观察输出波形，并列表记录。

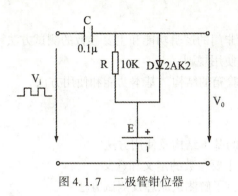

图 4.1.7　二极管钳位器

5. 三极管限幅器

按图 4.1.8 接线，v_i 为正弦波，f=10KHz，VPP 在 0~5V 范围连续可调，在不同的输入信号幅度下，观察输出波形 v_0 的变化情况，并列表记录。

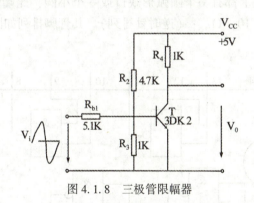

图 4.1.8　三极管限幅器

4.1.6　实验报告

(1) 将实验观测到的波形画在方格坐标纸上，并对它们进行分析和讨论。

(2) 总结外电路元件参数对二、三极管开关特性的影响。

4.1.7　实验预习要求

(1) 如何由 +5V 和 -5V 直流稳压电源获得 +3V~-3V 连续可调的电源。

(2) 熟悉二极管、三极管开关特性的表现及提高开关速度的方法。

(3) 在二极管箝位器和限幅器中，若将二极管的极性及偏压的极性反接，输出波形会出现什么变化？

4.2 TTL 与非门参数测试及使用

4.2.1 实验目的

(1) 掌握 TTL 集成与非门的逻辑功能和主要参数的测试方法。
(2) 掌握 TTL 器件的使用规则。
(3) 熟悉数字电路实验箱的结构、基本功能和使用方法。

4.2.2 实验预习要求

(1) 了解数字实验箱的基本结构及使用方法。
(2) 了解 TTL 与非门主要参数的定义和意义。
(3) 熟悉各测试电路,了解测试原理及测试方法。
(4) 熟悉 TTL 与非门 74LS00 的外引线排列。

4.2.3 实验原理

本实验采用的与非门集成块是 74LS00N,它是 TTL 型二输入四与非门集成块,又可写成 CT4000。每个集成块上都有一个圆弧形缺口或一个小圆,此端朝左则正面从左到右为 1,2,3,…,反面,…10,11,…(逆时针排列)。其管脚排列如图 4.2.1 所示。

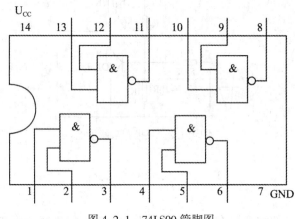

图 4.2.1　74LS00 管脚图

TTL 集成电路使用规则:
(1) 接插集成块时,要认清定位标记,不得插反。
(2) TTL 与非门对电源电压的稳定性要求较严,只允许在+5V 上有上下 10%的波动。电源电压超过+5.5V,易使器件损坏;低于 4.5V 又易导致器件的逻辑功能不正常。电源极性绝对不允许接错。
(3) TTL 与非门不用的输入端允许悬空(但最好接高电平),不能接低电平。
(4) TTL 与非门的输出端不允许直接接电源电压或地,也不能并联使用。
(5) 输入端通过电阻接地,电阻值的大小将直接影响电路所处的状态。当 R≤680Ω

时,输入端相当于逻辑"0";当 R≥4.7kΩ 时,输入端相当于逻辑"1"。对于不同系列的器件要求的阻值不同。

与非门逻辑功能为:只要输入端有一个为"0",输出就为"1";只有输入全为"1"时,输出才为"0",逻辑功能概括为:有"0"出"1",全"1"出"0"。对于二输入与非门,逻辑关系式为 $F = \overline{AB}$,逻辑符号如图 4.2.2 所示。

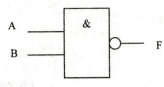

图 4.2.2　与非门逻辑符号图

4.2.4　实验内容与步骤

1. TTL 与非门的主要参数

TTL 与非门具有较高的工作速度、较强的抗干扰能力、较大的输出幅度和负载能力等优点,因而得到了广泛的应用。

(1)输出高电平 V_{OH}:输出高电平是指与非门有一个以上输入端接地或接低电平时的输出电平值。空载时,V_{OH} 必须大于标准高电平($V_{SH}=2.4$ V),接有拉电流负载时,V_{OH} 将下降。

(2)输出低电平 V_{OL}:输出低电平是指与非门的所有输入端都接高电平时的输出电平值。空载时,VOL 必须低于标准低电平($V_{sL}=0.4$ V),接有灌电流负载时,V_{OL} 将上升。

(3)输入短路电流 I_{IS}:输入短路电流 I_{IS} 是指被测输入端接地,其余输入端悬空时,由被测输入端流出的电流。前级输出低电平时,后级门的 I_{IS} 就是前级的灌电流负载。一般 $I_{IS}<1.6$mA。测试 I_{IS} 的电路如图 4.2.1、图 4.2.3 所示。

(4)扇出系数 N:扇出系数 N 是指能驱动同类门电路的数目,用以衡量带负载的能力。图 4.2.1、图 4.2.4 所示电路能测试输出为低电平时,最大允许负载电流 I_{OL},然后求得 $N=I_{OL}/I_{IS}$。一般 N>8 的与非门才被认为是合格的。

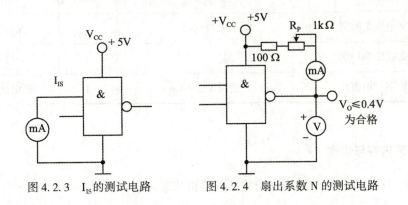

图 4.2.3　I_{IS} 的测试电路　　　图 4.2.4　扇出系数 N 的测试电路

2. TTL 与非门的电压传输特性

利用电压传输特性不仅能检查和判断 TTL 与非门的好坏，还可以从传输特性上直接读出其主要静态参数，如 V_{OH}、V_{OL}、V_{ON}、V_{off}、V_{NH} 和 V_{NL}，如图 4.2.5 所示。传输特性的测试电路如图 4.2.6 所示。

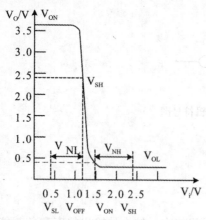

图 4.2.5 TTL 与非门的电压传输特性　　图 4.2.6 TTL 与非门的电压传输特性测试电路

从图 4.2.5 中可知：

开门电平 V_{ON}：是保证输出为标准低电平 V_{SL} 时，允许的最小输入高电平值。一般 $V_{ON}<1.8V$。图 4.2.6 为 TTL 与非门的电压传输特性测试电路。

关门电平 V_{OFF}：是保证输出为标准高电平 V_{SH} 时，允许的最大输入低电平值。

高电平噪声容限 V_{NH}：$V_{NH}=V_{SH}-V_{ON}=2.4V-V_{ON}$

低电平噪声容限 V_{NL}：$V_{NL}=V_{OFF}-V_{SL}=V_{OFF}-0.4V$。

4.2.5　实验仪器设备

表 4.2.1　　　　　　　　　　　　实验仪器设备

名　称	参考型号	数量	用　途
数字电路实验箱	天煌仪器	1	提供线路
集成芯片 74LS00		1	与非门
数字万用表	胜利 VC890C+	1	测电流和电压

4.2.6　实验内容与步骤

（1）按 TTL 与非门的真值表逐项验证其逻辑功能。见表 4.2.2。

表 4.2.2

A	0	1	0	1
B	0	0	1	1
F				

(2)测量 TTL 与非门的电压传输特性曲线。测量电路如图 4.2.6 所示。滑动电位器 W 的滑动头(实际操作是旋转电位器的按钮),按表给定的 u_i 值分别测出相应的 u_o 值。在坐标纸中绘出空载时的电压传输特性曲线,并在曲线上读出空载时的 V_{OH}、V_{OL}、V_{ON}、V_{OFF},计算 V_{NH} 和 V_{NL}。见表 4.2.3。

表 4.2.3

$U_i(v)$	0	0.5	0.8	0.85	0.90	0.95	1.00	1.05	1.10	1.15	1.20	1.25	1.30
$U_o(v)$													

(3)测试 TTL 与非门的输入短路电流 I_{IS},测试电路如图 4.2.4 所示。

(4)测试与非门输出为低电平时,允许灌入的最大负载电流 I_{OL},然后利用公式 $N = I_{OL}/I_{IS}$ 求出该与非门的扇出系数 N。测试电路如图 4.2.4 所示。具体测试方法有二:①输入端全部悬空,逐渐减小电阻 R_P,读出仍能保持 $V_o = 0.4V$ 的最大负载电流,即 I_{OL}。②输入端全部悬空,输出端用 500 Ω 电阻代替(100Ω+ RP)。用万用表直流电压挡测量 V_O,若 $V_O<0.4V$,则产品合格。然后再用万用表电流挡测出 I_{OL},通过公式计算出扇出系数 N。

表 4.2.4

$U_{OH}(V)$	$U_{OL}(V)$	$U_{ON}(V)$	$U_{OFF}(V)$	$U_{NH}(V)$	$U_{NL}(V)$	$I_{IS}(mA)$	$I_{OL}(mA)$	N

4.2.7 实验报告

(1)分别列表记录所测得的 TTL 与非门的主要参数。

(2)分别描绘所观察到的 TTL 与非门的电压传输特性曲线,在曲线上标出有关参数,算出 V_{NH} 和 V_{NL}。

4.3 TTL 集成与非门的逻辑功能与应用

4.3.1 实验目的

(1)验证与非门的逻辑功能。
(2)掌握基本门电路的逻辑功能。
(3)熟悉与非门的应用。

4.3.2 实验预习要求

（1）复习与非门的逻辑功能。

（2）熟悉 TTL 与非门 74LS00 的外引线排列。

4.3.3 实验原理

1. 数字集成电路

目前数字集成电路主要有 TTL、ECL 及 CMOS（包括高速 CMOS）三类产品。ECL 高速快，但功耗较大；CMOS 功耗较低，但速度较慢；TTL 的速度与功耗介于两者之间。它们各有优缺点，在构成具体数字电路时，可以通过接口电路进行补充，发挥各自所长，获得最佳效果。

2. TTL 器件的使用规则

（1）电源：$U_{CC} = +5V(1\pm10\%)$。

（2）多余输入端的处理：对于输入端接有长线、触发器和中、大规模集成器件以及使用集成块较多的复杂电路，多余的输入端必须按逻辑要求接电源或地，不得悬空处理，否则易受干扰。

（3）输出端的处理：输出端不准直接与电源正、负极相连，也不能接输入信号。

3. COMS 器件的使用规则

（1）电源：C4000 系列：$U_{DD} = 3 \sim 18V$；74HCXX 系列：$U_{DD} = 2 \sim 6V$。

（2）未使用输入端的处理：COMS 集成电路中未使用的输入不能悬空，必须按要求接电源或地。工作速度不高时，可以与使用端并联。

（3）输出端的处理：输出端不准直接与电源正、负极相连，也不能接输入信号。

4.3.4 实验仪器设备

表 4.3.1　　　　　　　　　　实验仪器设备

名　称	参考型号	数量	用　途
数字电路实验箱	天煌仪器	1	提供线路
集成芯片 74LS00		1	与非门
数字万用表	胜利 VC890C+	1	测电流和电压

4.3.5 实验内容与步骤

本实验选用 74LS00 集成块，引脚功能如图 4.3.1 所示。

1. 与非门逻辑功能测试

任选 74LS00 集成块中一个与非门，其输入端接逻辑电平插孔，输出端接电平显示插孔。当输入端 A、B 分别为表 4.3.1 中各值时，观察发光二极管显示状态：亮表示输出为高电平"1"；不亮表示输出为低电平"0"，结果记入表 4.3.2 中。

4.3 TTL集成与非门的逻辑功能与应用

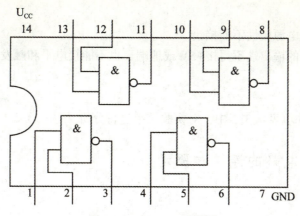

图 4.3.1　74LS00 引脚图

表 4.3.2

电路名称	真值表			逻辑表达式
	A	B	F	
与非门	0	0		
	0	1		
	1	0		
	1	1		
与门	0	0		
	0	1		
	1	0		
	1	1		
或门	0	0		
	0	1		
	1	0		
	1	1		
异或门	0	0		
	0	1		
	1	0		
	1	1		

2. 与非门构成其他逻辑门

用与非门分别构成与门、或门和异或门，写出逻辑表达式的变换过程，改变输入电平，根据发光二极管显示的状态，记录输出端对应电平。

4.3.6 注意事项

(1) 集成元件的电源极性不能接错。
(2) 各集成元件的输出端不得接+5V或地端，也不能接电平和触发方式。

4.3.7 实验报告

整理实验数据并填表4.3.2中，对实验结果进行分析。

4.4 集成逻辑电路的连接和驱动

4.4.1 实验目的

(1) 掌握TTL、CMOS集成电路输入电路与输出电路的性质。
(2) 掌握集成逻辑电路相互衔接时应遵守的规则和实际衔接方法。

4.4.2 实验预习要求

(1) 复习TTL、CMOS集成电路的特点。
(2) 熟悉所用集成电路的引脚功能。

4.4.3 实验原理

1. TTL 电路输入输出电路性质

当输入端为高电平时，输入电流是反向二极管的漏电流，电流极小。其方向是从外部流入输入端。

当输入端处于低电平时，电流由电源 V_{CC} 经内部电路流出输入端，电流较大，当与上一级电路衔接时，将决定上级电路应具的负载能力。高电平输出电压在负载不大时为3.5V左右。低电平输出时，允许后级电路灌入电流，随着灌入电流的增加，输出低电平将升高，一般LS系列TTL电路允许灌入8mA电流，即可吸收后级20个LS系列标准门的灌入电流。最大允许低电平输出电压为0.4V。

(1) CMOS电路输入输出电路性质。

一般CC系列的输入阻抗可高达$10^{10}\Omega$，输入电容在5pF以下，输入高电平通常要求在3.5V以上，输入低电平通常为1.5V以下。因CMOS电路的输出结构具有对称性，故对高低电平具有相同的输出能力，负载能力较小，仅可驱动少量的CMOS电路。当输出端负载很轻时，输出高电平将十分接近电源电压；输出低电平将十分接近地电位。

在高速CMOS电路54/74HCT，其输入电平与TTL电路完全相同，因此在相互取代时，不需考虑电平的匹配问题。

(2) 集成逻辑电路的衔接。

在实际的数字电路系统中总是将一定数量的集成逻辑电路按需要前后连接起来。这时，前级电路的输出将与后级电路的输入相连并驱动后级电路工作。这就存在着电平的配套和负载能力这两个需要妥善解决的问题。

可用下列几个表达式来说明连接时要满足的条件：

$V_{OH}(前级) \geqslant V_{iH}(后级)$

$V_{OL}(前级) \leqslant V_{IL}(后级)$

$I_{OH}(前级) \geqslant n * I_{IH}(后级)$

$I_{OL}(前级) \geqslant n * I_{IL}(后级)$ 　n 为后级门的数目

2. TTL 与 TTL 的连接

TTL 集成逻辑电路的所有系列,由于电路结构形式相同,电平配合比较方便,不需要外接元件可直接连接,不足之处是受低电平时负载能力的限制。

表 4.4.1 列出了 74 系列 TTL 电路的扇出系数。

表 4.4.1

芯片名称	74LS00	74LS00	7400	7400	7400
74LS00	20	40	5	40	5
74ALS00	20	40	5	40	5
7400	40	80	10	40	10
74L00	10	20	2	20	1
74S00	50	100	12	100	12

3. TTL 驱动 CMOS 电路

TTL 电路驱动 CMOS 电路时,由于 CMOS 电路的输入阻抗高,故此驱动电路一般不会受到限制,但在电平配合问题上,低电平是可以的,高电平时有困难,因为 TTL 电路在满载时,输出高电平通常低于 CMOS 电路对输入高电平的要求,因此为保证 TTL 输出高电平时,后级 CMOS 电路能可靠工作,通常要外接一个提位电阻 R,如图 4.4.1 所示,使输出高电平达到 3.5V 以上,R 的取值为 2~6.2K 较合适,这时 TTL 后级的 CMOS 电路的数目实际上没有什么限制的。

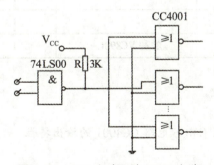

图 4.4.1　TTL 电路驱动 CMOS 电路

4. CMOS 驱动 TTL 电路

CMOS 的输出电平能满足 TTL 对输入电平的要求,而驱动电流将受限制,主要是低电平时的负载能力。表列出了一般 CMOS 电路驱动 TTL 电路时的扇出系数,从表 4.4.2 中可见,除了 74HC 系列外的其他 CMOS 电路驱动 TTL 的能力都较低。

表 4.4.2

电路种类	LS-TTL	L-TTL	TTL	ASL-TTL
CC4001B 系列	1	2	0	2
MC1400B 系列	1	2	0	2
MM74HC 及 74HCT 系列	10	20	2	20

既要使用此系列又要提高其驱动能力时，可采用以下两种方法：

（1）采用 CMOS 驱动器，如 CC4049、CC4050 是专为给出较大驱动能力而设计 CMOS 电路。

（2）几个同功能的 CMOS 电路并联使用，即将其输入端并联，输出端并联（TTL 电路是不允许并联的）。

5. CMOS 与 CMOS 的衔接

CMOS 电路之间的连接十分方便，不需另加外接元件。对直流参数来讲，一个 CMOS 电路可带动的 CMOS 电路数量是不受限制，但在实际使用时，应当考虑后级门输入电容对前级门的传输速度的影响，电容太大时，传输速度要下降，因此在高速使用时要从负载电容来考虑，例如 CC4000T 系列，CMOS 电路在 10MHz 以上速度运用时应限制在 20 个门以下。

4.4.4 实验仪器设备

表 4.4.3　　　　　　　　　　实验仪器设备

名称	参考型号	数量	用途
数字电路实验箱	天煌仪器	1	提供线路
集成芯片 74LS00P		2	与非门
集成芯片 CC4001		1	J-K 触发器
集成芯片 74HC00		1	D 触发器
数字万用表	胜利 VC890C+	1	

4.4.5 实验内容与步骤

1. 测试 TTL 电路 74LS00 及 CMOS 电路 CC4001 的输出特性

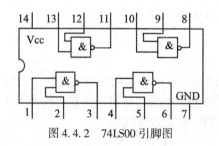

图 4.4.2　74LS00 引脚图

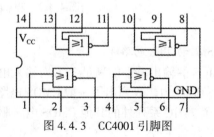

图 4.4.3　CC4001 引脚图

测试电路如图 4.4.4 所示，图中以与非门 74LS00 为例画出了高、低电平两种输出状态下输出特性的测量方法。改变电位器 R_W 的阻值，从而获得输出特性曲线，R 为限流电阻。

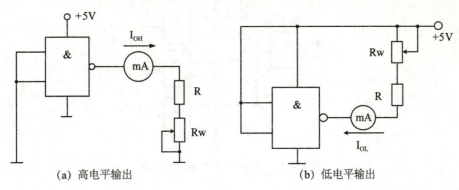

(a) 高电平输出　　　　　　　　(b) 低电平输出

图 4.4.4

2. 测量 TTL 电路 74LS00 的输出特性

在实验装置的合适位置选取一个 14P 插座。插入 74LS00，R 取为 100Ω，高电平输出时，R_w 取 47kΩ，低电平输出时，R_w 取 10kΩ，高电平测试时应测量空载到最大允许低电平(0.4V)之间的一系列点。

3. 测试 CMOS 电路 CC4001 的输出特性

测试时 R 取为 470Ω，R_w 取 4.7kΩ，高电平测试时应测量从空载到输出电平降到 4.6V 为止的一系列点；低电平测试时应测量从空载到输出电平升到 0.4V 为止的一系列点。

4. TTL 电路驱动 CMOS 电路

用 74LS00 的一个门来驱动 CC4001 的四个门，实验电路如图 4.4.1，R 取 3kΩ。测量电路连接 3kΩ 与不连接 3kΩ 电阻时，74LS00 的输出高低电平及 CC4001 的逻辑功能；测试逻辑功能时，可用实验装置上的逻辑笔进行测试，逻辑笔的电源+V_{CC}接+5V，其输入口 INPUT 通过一根导线接至所需的测试点。

5. CMOS 电路驱动 TTL 电路，电路如图 4.4.5 所示，被驱动的电路用 74LS00 的 8 个门并联

电路的输入端接逻辑开关输出插口，八个输出端分别接逻辑电平显示的输入插口。先用 CC4001 的一个门来驱动，观测 CC4001 的输出电平和 74LS00 的逻辑功能。

然后将 CC4001 的其余 3 个门，一个个并联到第一个门上(输入与输入，输出与输出并联)，分别观察 CMOS 的输出电平及 74LS00 的逻辑功能。最后用 1/4 74HC00 代替 1/4 CC4001。

测试其输出电平及系统的逻辑功能。

4.4.6　注意事项

(1) 集成元件的电源极性不能接错。

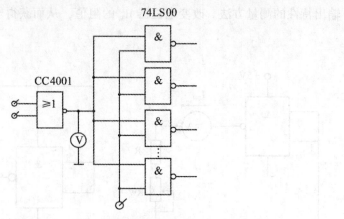

图 4.4.5　CMOS 电路驱动 TTL 电路

(2)各集成元件的输出端不得接+5V 或地端，也不能接电平和触发方式。

4.4.7　实验报告要求

整理实验结果，设计电路图。

4.5　组合逻辑电路分析与设计

4.5.1　实验目的

(1)掌握组合逻辑电路的分析方法与测试方法。
(2)掌握组合逻辑电路的设计方法。

4.5.2　实验预习要求

(1)熟悉门电路工作原理及相应的逻辑表达式。
(2)熟悉数字集成块的引线位置及引线用途。
(3)预习组合逻辑电路的分析与设计步骤。

4.5.3　实验原理

通常逻辑电路可分为组合逻辑电路和时序逻辑电路两大类。电路在任何时刻，输出状态只决定于同一时刻各输入状态的组合，而与先前的状态无关的逻辑电路称为组合逻辑电路。

(1)组合逻辑电路的分析过程，一般分为如下三步进行：
①由逻辑图写出输出端的逻辑表达式；
②出真值表；
③根据对真值表进行分析，确定电路功能。

(2)组合逻辑电路一般设计的过程如图 4.5.1 所示。

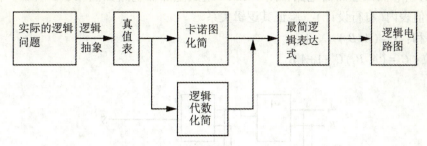

图 4.5.1　组合逻辑电路设计方框图

设计过程中,"最简"是指电路所用器件最少,器件的种类最少,而且器件之间的连线也最少。

4.5.4　实验仪器设备

表 4.5.1　实验仪器设备

名　称	参考型号	数量	用　途
数字电路实验箱	天煌仪器	1	提供线路
集成芯片 74LS00P		1	与非门
集成芯片 74LS20		1	
集成芯片 74LS86		1	D 触发器

4.5.5　实验内容与步骤

(1)分析、测试 74LS00(CC4011)组成的半加器的逻辑功能。

①用 74LS00 组成半加器,如图 4.5.2 所示电路,写出逻辑表达式,并验证逻辑关系。

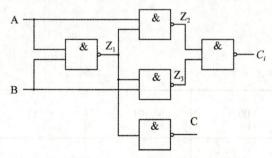

图 4.5.2　与非门组成的半加器电路

②列出真值表,并化简。

③分析、测试用异或门 74LS86(CC4030)与 74LS00(CC4011)组成的半加器的逻辑功能,自己画出电路,将测试结果填入自拟表格中,并验证逻辑关系。

(2)分析、测试全加器电路,用 74LS86 组成全加器电路如图 4.5.3 所示,将测试结果填于真值表内(自行设计),验证其逻辑关系。

全加和:$S_i = (A_i B_i) C_i - 1$

进 位:$C_i = (A_i B_i) C_i - 1 + A_i B_i$

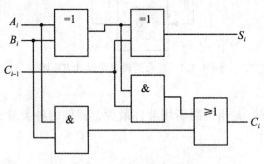

图 4.5.3 全加器电路图

(3)设计要求:用"与非门"设计一个表决电路。当四个输入端中有 3 个或 4 个"1"时,输出为"1"。否则为"0"。

步骤如下:

① 写出真值表。

表 4.5.2 为真值表。

表 4.5.2

A	0	0	0	0	0	0	0	0	1	1	1	1	1	1	1	1
B	0	0	0	0	1	1	1	1	0	0	0	0	1	1	1	1
C	0	0	1	1	0	0	1	1	0	0	1	1	0	0	1	1
D	0	1	0	1	0	1	0	1	0	1	0	1	0	1	0	1
Z	0	0	0	0	0	0	0	1	0	0	0	1	0	1	1	1

② 用卡诺图化简。

表 4.5.3

BC \ DA	00	01	11	10
00				
01			1	
11		1	1	1
10			1	

③写出逻辑表达式。

$$Z = ABC + BCD + ACD + ABD$$

④用"与非门"构成的逻辑电路图。

(4) 学生自行设计：设计一个对两个两位无符号二进制数进行比较的电路，根据第一个数是否大于、等于、小于第二个数，使相应的三个输出端中的一个输出为"1"。

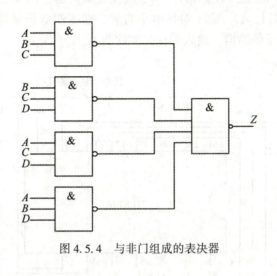

图 4.5.4　与非门组成的表决器

4.5.6　注意事项

(1) 集成元件的电源极性不能接错。

(2) 各集成元件的输出端不得接+5V 或地端，也不能接电平和触发方式。

4.5.7　实验报告

(1) 整理实验数据并填表，对实验结果进行分析。

(2) 总结组合逻辑电路的分析与设计方法。

4.6　编码器、译码器及数字显示

4.6.1　实验目的

(1) 学习中规模集成编码器、译码器的性能和使用方法。

(2) 熟悉半导体数码管的结构和使用。

4.6.2　实验预习要求

(1) 复习课本中编码、译码的相关内容。

(2) 复习集成芯片 74LS148、74LS138、CD4511 的管脚排列。

4.6.3 实验原理

1. 优先编码器

编码是将某种信号或十进制的十个数码(输入)编成二进制代码(输出),完成这一功能的逻辑电路称为编码器。优先编码器是具有对各输入信号按一定顺序优先编码的识别能力。

本实验采用74LS148(或74LS348)型8/3线优先编码器,图4.6.1为其引脚及实验接线图。它有八个输入端$I_0 \sim I_7$,输入对低电平有效,即哪端有信号输入哪端输入为0;三个输出端L_0、L_1、L_2反码输出。输入的优先顺序为$I_7 \sim I_0$。

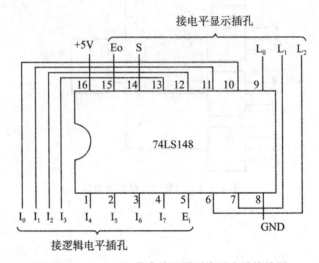

图4.6.1 74LS148优先编码器引脚及实验接线图

E_i为输入使能端,$E_i=0$时允许编码;$E_i=1$时禁止编码。此时$L_2L_1L_0=111$、$S=1$、$E_0=1$。

E_0为输出使能端,它受E_i控制,当$E_i=1$时$E_0=1$;当$E_i=0$时有两种情况:第一种情况$I_0 \sim I_7$有信号输入,$E_0=1$;第二种情况$I_0 \sim I_7$无信号输入(全部为1),$E_0=0$。

S为优先标志,在允许编码($E_i=0$)且有输入信号时$S=0$,其余情况$S=1$。

2. 二进制译码器

译码是将二进制代码(输入)按其编码时的原意译成对应的信号或十进制数码(输出),完成这一功能的逻辑电路称为译码器。

二进制译码器的输入是一组二进制代码,输出是一组电平信号。若有N个输入变量,则可组合为2^n个输入状态,即2^n个输入代码,所以应有2^n个输出信号,通常称为N-2^n线译码。

本实验采用74LS138型3/8线译码器,图4.6.3为其引脚及实验接线图。A_0、A_1、A_2为三个输入端,可组合为八组输入;$Y_0 \sim Y_7$为输出端,相应也有八种输出状态,用低电平表示输出的译码信号有效,即某输出端输出的电平为"0"时,表示该输出端有信号输出,输出为"1"的输出端均无信号输出。

E0为使能端,高电平有效,即当$E_0=1$时可以译码,输出端总有一个输出为"0",$E_0=0$时禁止译码,输出全为"1"。E_1和E_2为控制端,低电平有效,即当$E_1+E_2=0$时可以译码；$E_1+E_2=1$ 时禁止译码，输出也全为"1"。

3. 二-十进制显示译码器

它能把"8421"二-十进制代码译成能用显示器件显示出的十进制数。常用的显示器件有多种，本实验采用半导体数码管。

(1) 半导体(LED)数码管。

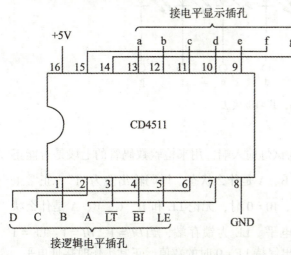

图 4.6.2　CD4511 译码器引脚及实验接线图

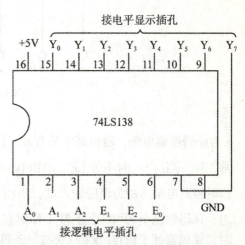

图 4.6.3　74LS138 译码器引脚及实验接线图

它是把加正向电压时能发光的 PN 结(称发光二极管)分段封装成为半导体数码管。它将十进制数码管分成七个字段(若有小数点为八个字段)，每段为一发光二极管，其字形结构如图 4.6.4 所示。

半导体数码管中的七个发光二极管有共阴极和共阳极两种接法，如图 4.6.5、图 4.6.6 所示。前者某字段接高电平时发光，后者接低电平时发光。

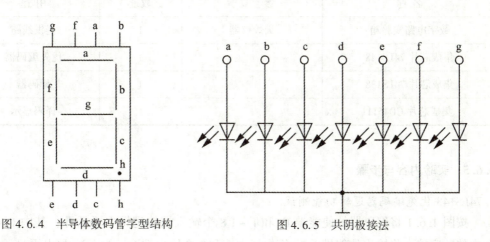

图 4.6.4　半导体数码管字型结构　　　　图 4.6.5　共阴极接法

(2) 七段显示译码器。

本实验采用 CD4511BCD 码锁存/七段译码/驱动器，驱动共阴极 LED 数码管。图 4.6.2 为其引脚及实验接线图，其中 D、C、B、A 为 BCD 码输入端，a、b、c、d、e、f、

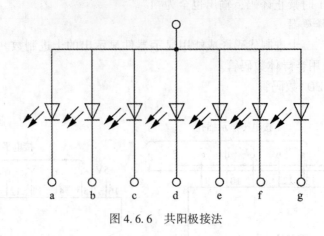

图 4.6.6 共阳极接法

g 为译码器输出端,输出高电平有效。$\overline{LT}$ 为试灯输入端,用来检验数码管的七段是否能正常工作。当 $\overline{LT}=0$ 时不管 LE、$\overline{BI}$ 和 D、C、B、A 是什么状态,译码输出全为"1",正常工作时接高电平。$\overline{BI}$ 为消隐输入端,当 $\overline{LT}=1$、$\overline{BI}=0$ 时,无论 LE 和 D、C、B、A 是什么状态,译码输出全为"0"。正常工作时接高电平。LE 为锁存端,当 $\overline{LT}=1$、$\overline{BI}=1$、LE = 1 时,译码器处于锁存(保持)状态,译码输出保持 LE = 0 时的数值,正常工作时接低电平。

本实验不用数码管显示,而将译码输出接电平显示,以此将数码管的七段分解进行实验。

4.6.4 实验仪器设备

表 4.6.1　　　　　　　　　　实验仪器设备

名　称	参考型号	数量	用　途
数字电路实验箱	天煌仪器	1	提供线路
集成芯片 74LS148		1	优先编码器
集成芯片 74LS138		1	译码器
集成芯片 CD4511		1	译码显示

4.6.5 实验内容与步骤

1. 74LS148 优先编码器逻辑功能测试

按图 4.6.1 将编码器的使能端 E_i 和 $I_0 \sim I_7$ 8 个输入端接逻辑电平插孔,其中 $I_0 \sim I_7$ 按图中的顺序接;将输出使能端 E_0、优先标志 S 和 3 个输出端 L_0、L_1、L_2 接电平显示插孔,按表 4.6.2 逐项测试并记录 74LS148 的逻辑功能。

表 4.6.2　　　　　　　　　　　74LS148 优先编码器逻辑功能测试

E_i	I_0	I_1	I_2	I_3	I_4	I_5	I_6	I_7	L_2	L_1	L_0	S	E_0
0	X	X	X	X	X	X	X	0					
0	X	X	X	X	X	X	0	1					
0	X	X	X	X	X	0	1	1					
0	X	X	X	X	0	1	1	1					
0	X	X	X	0	1	1	1	1					
0	X	X	0	1	1	1	1	1					
0	X	0	1	1	1	1	1	1					
0	0	1	1	1	1	1	1	1					
0	1	1	1	1	1	1	1	1					
1	X	X	X	X	X	X	X	X					

2. 74LS138 译码器逻辑功能测试

按图 4.6.3 将译码器使能端 E_0、控制端 E_1、E_2 及输入端 A_2、A_1、A_0 分别接逻辑电平插孔；其中 8 个输出端 $Y_0 \sim Y_7$ 按图中顺序接逻辑电平显示插孔，按表 4.6.3 逐项测试并记录 74LS138 的逻辑功能。

表 4.6.3　　　　　　　　　　　74LS138 功能测试

使能	控制	输		入	输			出			
E_0	$E_1 + E_2$	A_2	A_1	A_0	Y_0	Y_1	Y_2	Y_3	Y_4	Y_5	Y_6	Y_7
1	0	0	0	0								
1	0	0	0	1								
1	0	0	1	0								
1	0	0	1	1								
1	0	1	0	0								
1	0	1	0	1								
1	0	1	1	0								
1	0	1	1	1								
0	X	X	X	X								
X	1	X	X	X								

3. 译码显示测试

按图 4.6.2 将显示译码器的输入端 D、C、B、A 和 LE、$\overline{BI}$、$\overline{LT}$ 接逻辑电平插孔，其

中 D、C、B、A 按图中的顺序接；八个输出端 a~g 按图中的顺序接电平显示插孔，按表 4.6.4 逐项测试并记录 CD4511 的逻辑功能，并对照图 4.6.4 确定显示的字形。

表 4.6.4　　　　　　　　　　　CD4511 译码显示测试

输　入							输　出							
LE	$\overline{BI}$	$\overline{LT}$	D	C	B	A	a	b	c	d	e	f	g	字型显示
0	1	1	0	0	0	0								
0	1	1	0	0	0	1								
0	1	1	0	0	1	0								
0	1	1	0	0	1	1								
0	1	1	0	1	0	0								
0	1	1	0	1	0	1								
0	1	1	0	1	1	0								
0	1	1	0	1	1	1								
0	1	1	1	0	0	0								
0	1	1	1	0	0	1								
0	1	1	1	0	1	0								
X	X	0	X	X	X	X								
X	0	1	X	X	X	X								
1	1	1	X	X	X	X								

4.6.6　注意事项

(1) 集成元件的电源极性不能接错。

(2) 各集成元件的输出端不得接+5V 或地端，也不能接电平和触发方式。

4.6.7　实验报告要求

整理实验结果，归纳各电路的用途。

4.7　数据选择器

4.7.1　实验目的

(1) 进一步熟悉用实验来分析组合逻辑电路功能的方法。

(2) 了解中规模集成 8 选 1 数据选择器 74LS151 的应用。

(3) 了解组合逻辑电路由小规模集成电路设计和由中规模集成电路设计的不同特点。

4.7.2 预习要求

(1) 复习数据选择器的工作原理；
(2) 用数据选择器对实验内容中各函数式进行预设计。

4.7.3 实验原理

数据选择器又叫"多路开关"数据选择器。在地址码(也叫选择控制)电位的控制下，从几路输入数据中选择一路并将其送到公共的输出端。4 选 1 的数据选择器的逻辑符号如图 4.7.1 所示，其等效电路图如图 4.7.2 所示。电路有四路数据输入端 D_0-D_3，通过地址控制信号 A_1、A_0 从 4 路数据中选中某 1 路数据送至输出端 Y。

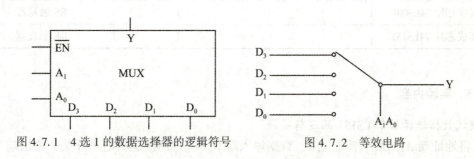

图 4.7.1　4 选 1 的数据选择器的逻辑符号　　图 4.7.2　等效电路

数据选择器为目前逻辑设计中应用十分广泛的逻辑部件，集成电路产品有 2 选 1、4 选 1、8 选 1、16 选 1 等数据选择器类型。下面以 8 选 1 为例，介绍数据选择器的逻辑功能及应用。

74LS151 为互补输出的 8 选 1 数据选择器。其引脚排列如图 4.7.3　A_0-A_2 是地址输入端，按二进制译码方式，从 8 个数据输入端 D_0-D_7 中，选择一个需要的数据送到输出端 Y。S 为使能端，低电平有效。当 S=1 时，无论 A_2-A_0 状态如何，均无输出($Y=0$，$\overline{Y}=1$)，多路开关处于禁止状态。当 S=0 时，多路开关正常工作，根据地址码 A_2、A_1、A_0 的状态选择 D_0-D_7 中某一个通道的数据输送到输出端 Y。例如：$A_2A_1A_0=000$，则选择 D_0 的数据送到输出端 Y，即 $Y=D_0$；$A_2A_1A_0=010$，则选择 D_1 数据到输出端，即 $Y=D_1$。以此类推，可以得到其他地址状态的电路输出。

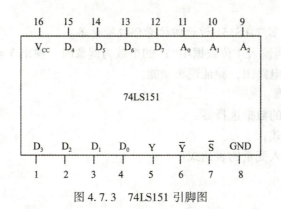

图 4.7.3　74LS151 引脚图

8 选 1 数据选择的输出表达式为：

$Y = \overline{A_2}\,\overline{A_1}\,\overline{A_0}D_0 + \overline{A_2}\,\overline{A_1}A_0D_1 + \overline{A_2}A_1\overline{A_0}D_2 + \overline{A_2}A_1A_0D_3 + A_2\overline{A_1}\,\overline{A_0}D_4 + A_2\overline{A_1}A_0D_5 + A_2A_1\overline{A_0}D_6 + A_2A_1A_0D_7$

数据选择器的用途很多，例如多通道传输，数码比较，并行码变串行码，实现逻辑函数等。

4.7.4 实验仪器设备

表 4.7.1

名 称	参考型号	数量	用 途
数字电路实验箱	天煌仪器	1	提供线路
集成芯片 74LS00P		1	RS 触发器
集成芯片 74LS151		1	J-K 触发器

4.7.5 实验内容

1. 测试数据选择器 74LS151 的逻辑功能

将地址端 $A_2A_1A_0$、使能端 S、数据输入端 $D_0 \sim D_7$ 分别接逻辑电平开关，输出端 Y、$\overline{Y}$ 接逻辑电平显示。接线图如图 4.7.4 所示。

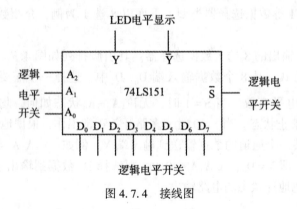

图 4.7.4 接线图

2. 用 8 选 1 数据选择器 74LS151 设计四位奇偶校验电路

（1）设计要求：当输入 4 位数据中"1"的个数为偶数时，输出 Y = 1，否则 Y = 0，写出设计过程，画出逻辑电路图，验证逻辑功能。

（2）设计一般步骤：

①确定应该选用的数据选择器；

②写出逻辑表达式；

③求选择器的输入变量的表达式；

④画连线图。

3. 实验

有一密码电子锁，锁上有四个锁孔 A、B、C、D，按下为 1，否则为 0，当按下 A 和

B、或 A 和 D、或 B 和 D 时，再插入钥匙，锁即打开。若按错了键孔，当插入钥匙时，锁打不开，并发出报警信号，有警为 1，无警为 0。设计出电路，按图接线并检查电路的逻辑功能，列出真值表。

实验线路图如图 4.7.3、图 4.7.4 所示。

表 4.7.2　　　　　　　　　　　74LS151 功能测试表

选通	地址输入			数据输入								输出	
$\overline{S}$	A_2	A_1	A_0	D_0	D_1	D_2	D_3	D_4	D_5	D_6	D_7	Y	$\overline{Y}$
1	X	X	X	X	X	X	X	X	X	X	X		
0	0	0	0	D_0	X	X	X	X	X	X	X		
0	0	0	1	X	D_1	X	X	X	X	X	X		
0	0	1	0	X	X	D_2	X	X	X	X	X		
0	0	1	1	X	X	X	D_3	X	X	X	X		
0	1	0	0	X	X	X	X	D_4	X	X	X		
0	1	0	1	X	X	X	X	X	D_5	X	X		
0	1	1	0	X	X	X	X	X	X	D_6	X		
0	1	1	1	X	X	X	X	X	X	X	D_7		

4.7.6　注意事项

(1) 集成元件的电源极性不能接错。

(2) 各集成元件的输出端不得接+5V 或地端，也不能接电平和触发方式。

4.7.7　实验结果分析

(1) 由以上实验测试结果，可知 74LS151 8 选 1 的功能正常。

(2) 用中规模集成电路设计逻辑函数的特点为：较小规模集成电路更便于修改设计，且设计中多使用最小项表达式，设计思想可以更加清晰。

4.8　双稳态触发器

4.8.1　实验目的

(1) 学习触发器逻辑功能的测试方法。

(2) 掌握基本 R-S 触发器、集成 J-K 触发器和 D 触发器的逻辑功能及触发方式。

4.8.2　实验预习要求

(1) 复习集成双 J-K 和双 D 触发器的外引线排列图。

(2) 复习双稳态触发器的图形符号、逻辑功能、触发方式等。

4.8.3 实验原理

触发器按稳定工作状态可分为双稳态触发器、单稳态触发器、无稳态触发器(多谐振荡器)等。双稳态触发器按逻辑功能可分为 R-S 触发器、J-K 触发器、D 触发器和 T 触发器等；按结构可分为主从型触发器和维持阻塞型触发器等。

1. 基本 R-S 触发器

图 4.8.1(a)是利用两个"与非门"组成的基本 R-S 触发器，$\overline{S}_D$ 和 $\overline{R}_D$ 是两个输入端，Q 和 $\overline{Q}$ 是两个输出端。通常将 Q 的状态称为触发器的状态，它有两种稳定状态：一种状态是 Q=1，称为置位状态("1"态)；另一种状态是 Q=0，称为复位状态("0"态)。其输出与输入的逻辑关系如下：

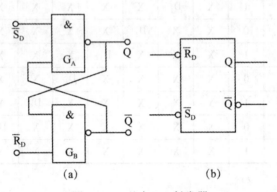

图 4.8.1 基本 R-S 触发器

(1) 当 $\overline{S}_D=0$、$\overline{R}_D=1$ 时，Q=1(此时 $\overline{Q}=0$)，呈置位状态，$\overline{S}_D$ 称为直接置位端或直接置"1"端。

(2) 当 $\overline{S}_D=1$、$\overline{R}_D=0$ 时，Q=0(此时 $\overline{Q}=1$)，呈复位状态，$\overline{R}_D$ 称为直接复位端或直接置"0"端。

若在置位后将 $\overline{S}_D$ 悬空，复位后将 $\overline{R}_D$ 悬空，即分别撤除低电平状态而变为高电平，Q 将保持原状态不变，即触发器具有存储或记忆功能。

(3) 当 $\overline{S}_D=\overline{R}_D=1$ 时，Q 保持原状态不变。

(4) 当 $\overline{S}_D=\overline{R}_D=0$ 时，Q=$\overline{Q}$=1，违背了 Q 与 $\overline{Q}$ 的状态应相反的逻辑关系。若将 $\overline{R}_D$ 和 $\overline{S}_D$ 撤除低电平状态，触发器的状态将由各种偶然因素决定，故对这种状态用"不定"表示，在使用中应避免出现这种情况。

图 4.8.1(b)是基本 R-S 触发器的图形符号，两输入端靠近方框的小圆圈是表示置位或复位时需输入低电平，称为低电平有效。

本实验采用 74LS00P 二输入四与非门，图 4.8.4 为其引脚图。

2. J-K 触发器

图 4.8.2 为 J-K 触发器的图形符号，$\overline{R}_D$ 为直接置"0"端，$\overline{S}_D$ 为直接置"1"端，它们常用于确定触发器的初始状态，当初态确定后，$\overline{R}_D$、$\overline{S}_D$ 应悬空(高电平)，不再影响触发器

的状态。时钟脉冲输入端 CP 靠近方框处的小圆圈表示触发器仅在时钟脉冲的后沿(下降沿)触发。

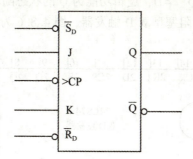

图 4.8.2 J-K 触发器的图形符号

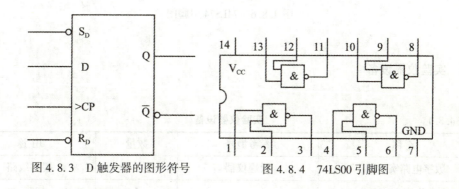

图 4.8.3 D 触发器的图形符号   图 4.8.4 74LS00 引脚图

J-K 触发器的特征方程为：$Q_{n+1} = J\overline{Q^n} + \overline{K}Q^n$，其中 Q^n 为原始状态，Q^{n+1} 为时钟脉冲触发后的状态。其逻辑功能为：J=K=0 时时钟脉冲触发后触发器保持原来的状态不变；J=K=1 时时钟脉冲触发一次(即 CP 输入一个脉冲)，Q 的状态就翻转一次(即由"0"变为"1"或反之)，即计数一次；J=0、K=1 或 J=1、K=0 时时钟脉冲触发后触发器的状态和 J 相同。

本实验采用 74LS112 主从型双 J-K 触发器，图 4.8.5 为其引脚图。

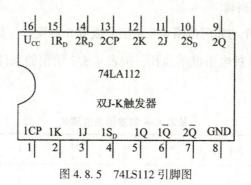

图 4.8.5 74LS112 引脚图

3. D 触发器

图 4.8.3 为 D 触发器的图形符号，$\overline{R}_D$ 为直接置"0"端，$\overline{S}_D$ 为直接置"1"端，它们用

于确定触发器的初态,初态确定后,$\overline{R}_D$、$\overline{S}_D$ 应悬空。时钟脉冲输入端无小圆圈表示触发器在时钟脉冲的前沿(上升沿)触发。

D 触发器的特征方程为 $Q^{n+1}=D$,逻辑功能为 Q 的状态随着输入端 D 的状态而变化。

本实验采用 74LS74 维持阻塞型双 D 触发器,图 4.8.6 为其引脚图。

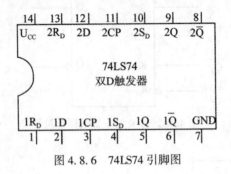

图 4.8.6　74LS74 引脚图

4.8.4　实验仪器设备

表 4.8.1　　　　　　　　　　实验仪器设备

名称	参考型号	数量	用途
数字电路实验箱	天煌仪器	1	提供线路
集成芯片 74LS00P		1	与非门
集成芯片 74LS112		1	J-K 触发器
集成芯片 74LS74		1	D 触发器

4.8.5　实验内容与步骤

1. 基本 R-S 触发器功能测试

由图 4.8.4 任选两个与非门按图 4.8.1 组合成 R-S 触发器,其中 U_{CC} 接 +5V,$\overline{R}_D$、$\overline{S}_D$ 接逻辑电平插孔,Q、$\overline{Q}$ 接电平显示插孔,按表 4.8.2 给定的条件测试并记录 Q、$\overline{Q}$ 的状态。

表 4.8.2　　　　　　　　　　基本 R-S 触发器功能测试

$\overline{S}_D$	1	0	1	0
$\overline{R}_D$	0	1	1	0
Q				
$\overline{Q}$				

2. J-K 触发器功能测试

(1) 置"0"置"1"功能测试。

由图 4.8.5 任选一个 J-K 触发器，CP 悬空，J、K 取任意值，$\overline{R_D}$、$\overline{S_D}$ 接逻辑电平插孔，Q、$\overline{Q}$ 接电平显示插孔，按表 4.8.3 给定的条件测试并记录 Q、$\overline{Q}$ 的状态。

表 4.8.3　　　　　　　　J-K 触发器置"0"置"1"功能测试

CP	J、K	$\overline{R_D}$	$\overline{S_D}$	Q	$\overline{Q}$
不给脉冲	任意	0	1		
		1	0		
		1	1		
		0	0		

(2) 逻辑功能测试。

单脉冲电源接+5V，将 CP 接单脉冲绿灯插孔，用 $\overline{R_D}$、$\overline{S_D}$ 确定初态后即悬空。瞬时按动单脉冲按键，按表 4.8.3 给定的条件测试并记录 Q 的状态。表 4.8.4 中 Q^n 代表初态，Q^{n+1}，Q^{n+2} 分别代表第一，第二个时钟脉冲到来后 Q 的状态。

表 4.8.4　　　　　　　　J-K 触发器逻辑功能测试

J	0		0		1		1	
K	0		1		0		1	
Q^n	0	1	0	1	0	1	0	1
Q^{n+1}								
Q^{n+2}								

3. D 触发器逻辑功能测试

(1) 置"0"置"1"功能测试。

按图 4.8.6 任选一个 D 触发器，CP 悬空，D 取任意值，$\overline{R_D}$、$\overline{S_D}$ 接逻辑电平插孔，Q、$\overline{Q}$ 接电平显示插孔，U_{CC} 接+5V，按表 4.8.5 给定的条件测试并记录 Q、$\overline{Q}$ 的状态。

表 4.8.5　　　　　　　　D 触发器置"0"置"1"功能测试

CP	D	$\overline{R_D}$	$\overline{S_D}$	Q	$\overline{Q}$
不给脉冲	任意	0	1		
		1	0		
		1	1		
		0	0		

(2)逻辑功能测试。

单脉冲电源接+5V,将 CP 接单脉冲红灯插孔,D、$\overline{R_D}$、$\overline{S_D}$ 接逻辑电平插孔,用 R_D、$\overline{S_D}$ 确定初态后即悬空,瞬时按动单脉冲按键,按表4.8.6给定的条件测试并记录 Q 的状态。

表 4.8.6　　　　　　　　　　D 触发器逻辑功能测试

D	0		1	
Q^n	0	1	0	1
Q^{n+1}				

4.8.6 注意事项

(1)集成元件的电源极性不能接错。
(2)各集成元件的输出端不得接+5V 或地端,也不能接电平和触发方式。

4.8.7 实验报告要求

(1)整理实验结果。
(2)说明如果给定 J-K 和 D 触发器的初态。
(3)总结 J-K 和 D 触发器的逻辑功能和触发方式。

4.9 数字比较器

4.9.1 实验目的

(1)验证 4 位数字比较器 74LS58 的逻辑功能。
(2)进一步熟悉中规模集成电路的设计应用。

4.9.2 实验预习要求

(1)复习数字比较器的相关原理。
(2)对实验中的内容进行预设计。

4.9.3 实验原理

在数字系统中,常常要对两个数进行比较。两个数的比较是一种逻辑运算,它确定其中一个数是大于、小于还是等于另一个数。用来比较 A 和 B 两个正数而确定其相对大小的逻辑电路称为数字比较器。

常用的数字比较器有四位数比较器和八位数比较器等。集成数字比较器 74LS85 是 4 位数的比较器,它有 8 个数据输入端(A_3,A_2,A_1,A_0,B_3,B_2,B_1,B_0),3 个级联输入端($I_{A>B}$,$I_{A=B}$,$I_{A<B}$)和3个输出端($F_{A>B}$,$F_{A=B}$,$F_{A<B}$),三个级联输入端主要用来扩展参加比较的数据位数。它是从A的最高位A_3和B的最高位B_3开始比较的,如它们不相等,则该结果可作两数比较结果,若A_3和B_3相等则再比较次高位的A_2和B_2,依此类推,如两数相等,其比较步骤必须进行到最低位才能得出结果,其功能表见表4.9.1,管脚图如图4.9.1所示。

表4.9.1　　　　　　　　　　　　四位数值比较器功能表

输入							输出		
$A_3 > B_3$	$A_2 B_2$	$A_1 B_1$	$A_0 B_0$	$I_{A>B}$	$I_{A<B}$	$I_{A=B}$	$F_{A>B}$	$F_{A<B}$	$F_{A=B}$
$A_3 > B_3$	×	×	×	×	×	×	H	L	L
$A_3 < B_3$	×	×	×	×	×	×	L	H	L
$A_3 = B_3$	$A_2 > B_2$	×	×	×	×	×	H	L	L
$A_3 = B_3$	$A_2 < B_2$	×	×	×	×	×	L	H	L
$A_3 = B_3$	$A_2 = B_2$	$A_1 > B_1$	×	×	×	×	H	L	L
$A_3 = B_3$	$A_2 = B_2$	$A_1 < B_1$	×	×	×	×	L	H	L
$A_3 = B_3$	$A_2 = B_2$	$A_1 = B_1$	$A_0 > B_0$	×	×	×	H	L	L
$A_3 = B_3$	$A_2 = B_2$	$A_1 = B_1$	$A_0 < B_0$	×	×	×	L	H	L
$A_3 = B_3$	$A_2 = B_2$	$A_1 = B_1$	$A_0 = B_0$	H	L	L	H	L	L
$A_3 = B_3$	$A_2 = B_2$	$A_1 = B_1$	$A_0 = B_0$	L	H	L	L	H	L
$A_3 = B_3$	$A_2 = B_2$	$A_1 = B_1$	$A_0 = B_0$	×	×	H	L	L	H
$A_3 = B_3$	$A_2 = B_2$	$A_1 = B_1$	$A_0 = B_0$	H	H	L	L	L	L
$A_3 = B_3$	$A_2 = B_2$	$A_1 = B_1$	$A_0 = B_0$	L	L	L	H	H	L

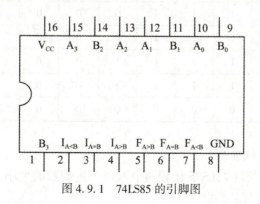

图4.9.1　74LS85的引脚图

4.9.4 实验仪器设备

表 4.9.2　　　　　　　　　　　实验仪器设备

名　称	参考型号	数量	用　途
数字电路实验箱	天煌仪器	1	提供线路
集成芯片 74LS138		1	译码器
集成芯片 74LS151		1	选择器
集成芯片 74LS85		2	数字比较器

4.9.5 实验内容与步骤

1. 74LS85 逻辑功能验证

将 A_3、A_2、A_1、A_0、B_3、B_2、B_1、B_0 以及 $I_{A>B}$、$I_{A<B}$、$I_{A=B}$ 接入逻辑电平开关,并将 $I_{A>B}$、$I_{A<B}$ 都置为 0,$I_{A=B}$ 置为 1。$F_{A>B}$、$F_{A<B}$、$F_{A=B}$ 接输出,V_{cc} 接 +5V 电源。GND 接地,按要求将数据填入表 4.9.3 中。

表 4.9.3　　　　　　　　　　　74LS85 逻辑功能测试

输入								级联输入端			输出		
A				B									
A_3	A_2	A_1	A_0	B_3	B_2	B_1	B_0	$I_{A>B}$	$I_{A<B}$	$I_{A=B}$	$F_{A>B}$	$F_{A<B}$	$F_{A=B}$
1	0	0	0	0	0	0	0	0	0	1			
0	1	0	0	1	0	0	0	0	0	1			
1	1	0	0	1	0	0	0	0	0	1			
1	0	0	1	1	1	0	0	0	0	1			
1	1	1	0	1	1	0	0	0	0	1			
1	1	0	0	1	1	1	0	0	0	1			
1	1	1	1	1	1	1	0	0	0	1			
1	1	1	0	1	1	1	1	0	0	1			
1	1	1	1	1	1	1	1	0	0	1			
0	0	0	0	0	0	0	0	0	0	1			

2. 用数值比较器进行逻辑设计

设计用两个数值比较器 74LS85 比较两个八位二进制数的大小。任意输入两个数比较结果看是否设计正确?

3. 用译码器和数据选择器实现两个 3 位二进制数的比较

要求:当译码器输入的 3 位数 A 和数据选择器输入的 3 位数 B 相等时,数据选择器

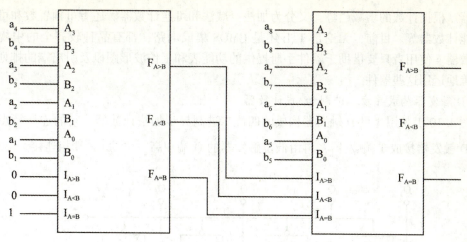

图 4.9.2　八位数比较电路图

输出 Y＝0，否则 Y＝1。

4.9.6　注意事项

（1）集成元件的电源极性不能接错。
（2）各集成元件的输出端不得接+5V 或地端，也不能接电平和触发方式。

4.9.7　实验报告

整理实验数据并填表，对实验结果进行分析。

4.10　计数器及其应用

4.10.1　实验目的

（1）学习用集成触发器构成计数器的方法。
（2）掌握中规模集成计数器的使用及功能测试方法。
（3）运用集成计数器构成 1/N 分频器。

4.10.2　实验预习要求

（1）复习计数器的工作原理，如何利用集成计数器组成任意进制的计数器。
（2）复习集成触发器 74LS74、集成计数器 74LS192 的管脚功能。
（3）复习实现任意进制计数的方法。

4.10.3　实验原理

计数器是一个用以实现计数功能的时序部件，它不仅可用来计脉冲数，还常用作数字系统的定时、分频和执行数字运算以及其他特定的逻辑功能。

计数器种类很多。按构成计数器中的各触发器是否使用一个时钟脉冲源来分，有同步计数器和异步计数器。根据计数制的不同，分为二进制计数器、十进制计数器和任意进制计数器。根据计数的增减趋势，又分为加法、减法和可逆计数器。还有可预置数和可编程序功能计数器等。目前，无论是 TTL 还是 CMOS 集成电路，都有品种较齐全的中规模集成计数器。使用者只要借助于器件手册提供的功能表和工作波形图以及引出端的排列，就能正确地运用这些器件。

1. 用 D 触发器构成异步二进制加/减计数器

图 4.10.1 是用 4 只 D 触发器构成的四位二进制异步加法计数器，它的连接特点是将每只 D 触发器接成 T' 触发器，再由低位触发器的 $\overline{Q}$ 端和高一位的 CP 端相连接。

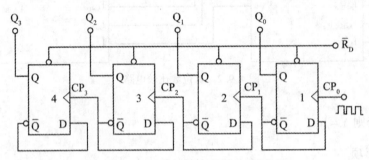

图 4.10.1　四位二进制异步加法计数器

若将图 4.10.1 稍加改动，即将低位触发器的 Q 端与高一位的 CP 端相连接，即构成了一个 4 位二进制减法计数器。

异步二进制加法器基本原理是：T' 触发器的逻辑功能是 CP 每输入一个时钟脉冲 Q 的状态就翻转一次，即 $Q^{n+1} = \overline{Q}^n$；低位触发器从"1"变为"0"进位时，相邻高位触发器翻转。它能记的最大十进制数为 $2^4-1=15$。

2. 中规模十进制计数器

74LS192（或 CC40192）是同步十进制可逆计数器，具有双时钟输入，并具有清除和置数等功能，其引脚排列及逻辑符号如图 4.10.2 所示。

CC40192（同 74LS192，二者可互换使用）的功能如表 4.10.1 所示，说明如下：

表 4.10.1　　　　　　　　　　**CC40192 逻辑功能表**

			输	入					输	出	
CR	$\overline{\text{LD}}$	CPU	CPD	D_3	D_2	D_1	D_0	Q_3	Q_2	Q_1	Q_0
1	×	×	×	×	×	×	×	0	0	0	0
0	0	×	×	d	c	b	a	d	c	b	a
0	1	↑	1	×	×	×	×	加	计		数
0	1	1	↑	×	×	×	×	减	计		数

当清除端 C_R 为高电平"1"时，计数器直接清零；C_R 置低电平则执行其他功能。

当 C_R 为低电平，置数端 $\overline{\text{LD}}$ 也为低电平时，数据直接从置数端 D_0、D_1、D_2、D_3 置入计数器。

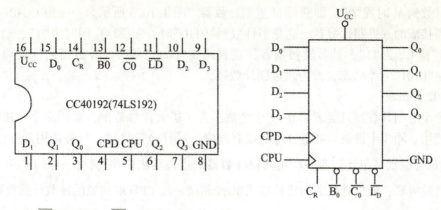

$\overline{LD}$—置数端 $\overline{BO}$—非同步借位输出端 D_0、D_1、D_2、D_3—计数器输入端

Q_0、Q_1、Q_2、Q_3—数据输出端 CPU—加计数端 CPD—减计数端 $\overline{CO}$—非同步进位输出端 C_R—消除端

图 4.10.2 74LS192 引脚排列及逻辑符号

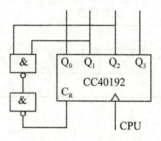

图 4.10.3 六进制计数器

当 C_R 为低电平，$\overline{LD}$ 为高电平时，执行计数功能。执行加计数时，减计数端 CPD 接高电平，计数脉冲由 CPU 输入；在计数脉冲上升沿进行 8421 码十进制加法计数。执行减计数时，加计数端 CPU 接高电平，计数脉冲由减计数端 CPD 输入，表 4.10.2 为 8421 码十进制加、减计数器的状态转换表。

表 4.10.2 **8421 码十进制加、减计数器状态转换表**

加法计数 →

输入脉冲数		0	1	2	3	4	5	6	7	8	9
输出	Q_3	0	0	0	0	0	0	0	0	1	1
	Q_2	0	0	0	0	1	1	1	1	0	0
	Q_1	0	0	1	1	0	0	1	1	0	0
	Q_0	0	1	0	1	0	1	0	1	0	1

← 减法计数

3. 实现任意进制计数

下面仅介绍用复位法获得任意进制计数器。

假定已有 N 进制计数器，而需要得到一个 M 进制计数器时，只要 M<N，用复位法使计数器计数到 M 时置"0"，即获得 M 进制计数器。图 4.10.3 所示为一个由 CC40192 十进制计数器接成的 6 进制计数器。它是当计数到"0110"时，Q_1 和 Q_2 同时为"1"，通过两个"与非门"使 C_R 为"1"，计数器被清零，重新回到"0000"状态。计数器的计数周期变为"0000"~"0101"六个状态，故为六进制计数器。

4. 74LS192 的级联

一个十进制计数器只能表示 0~9 十个数，为了扩大计数范围，常用多个十进制计数器级联使用。同步十进制计数器往往都设有进位（或借位）输出端，故可选用其进位（或借位）输出信号驱动高位计数器。利用低位计数器的进位输出 $\overline{CO}$ 控制高一位的 CPU 端构成的加法计数级联；低位计数器的借位输出 $\overline{BO}$ 控制高一位 CPD 端构成的减数计数级联。

4.10.4 实验仪器设备

表 4.10.3　　　　　　　　　　实验仪器设备

名　称	参考型号	数量	用　途
数字电路实验箱	天煌仪器	1	提供线路
集成芯片 74LS192		2	计数器
集成芯片 74LS00N		1	提供与非门
集成芯片 74LS74		2	D 触发器

4.10.5 实验内容与步骤

（1）用 CC4013 或 74LS74D 触发器构成 4 位二进制异步加法计数器。

① 按图 4.10.1 接线，$\overline{R_D}$ 接至逻辑电平开关输出插孔，将低位 CP_0 端接单次脉冲源红灯插孔，输出端 Q_3、Q_2、Q_1、Q_0 接逻辑电平显示输入插孔，各 $\overline{S_D}$ 接高电平"1"。

② 清零（各 $\overline{R_D}$ 接低电平，然后悬空）后，逐个送入单次脉冲，观察并将 Q_3~Q_0 的状态记入表 4.10.4 中。

表 4.10.4　　　　　　　　　二进制加计数器状态实验表

计数脉冲数	二进制数				十进制数
CP	Q_3	Q_2	Q_1	Q_0	
0	0	0	0	0	
1					
2					
3					
4					
5					

续表

计数脉冲数	二进制数				十进制数
6					
7					
8					
9					
10					
11					
12					
13					
14					
15					
16	0	0	0	0	0

③ 将单次脉冲改为1Hz的连续脉冲，观察 Q3~Q0 的状态。

（2）测试六进制计数器逻辑功能。

按图4.10.3接线，计数脉冲由单次脉冲源提供，清除端 C_R、置数端$\overline{LD}$、数据输入端 D_3、D_2、D_1、D_0 分别接逻辑电平开关，并使 D3D2D1D0 = 0000 即置零，输出端 Q_3、Q_2、Q_1、Q_0 接实验设备的一个译码显示输入相应插孔 D、C、B、A；$\overline{CO}$ 和 $\overline{BO}$ 接逻辑电平显示插孔。

（3）按图4.10.4接线，用两片 74LS192 实现六十进制计数器。

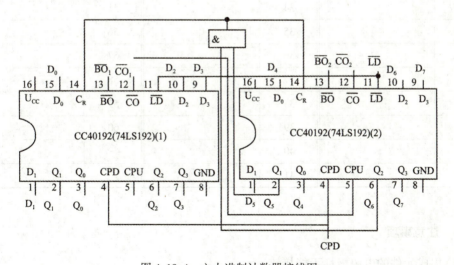

图4.10.4 六十进制计数器接线图

按图4.10.4接线，低位 74LS192 的加计数脉冲 CPU 端接单次脉冲源，高位 74LS192

的加计数脉冲 CPU 端接低位 74LS192 的 $\overline{CO}$，两片 74LS192 的 CPD 端接高电平，高位 74LS192 的 Q_1、Q_2 加上一个与门后接两片 74LS192 的 CR 端，数据输入端 D_7、D_6、D_5、D_4、D_3、D_2、D_1、D_0 分别接逻辑电平开关，并使 $D_7D_6D_5D_4D_3D_2D_1D_0 = 00000000$ 即置零，输出端 Q_7、Q_6、Q_5、Q_4、Q_3、Q_2、Q_1、Q_0 接实验设备的两个译码显示输入相应插孔 D、C、B、A；其余的 $\overline{CO}$ 和 $\overline{BO}$ 接逻辑电平显示插孔。将所显示的数字记入表 4.10.5。

表 4.10.5　　　　　　　　　　　六十进制加计数数码显示表

CP	数字显示	CP	数字显示	CP	数字显示
0		21		42	
1		22		43	
2		23		44	
3		24		45	
4		25		46	
5		26		47	
6		27		48	
7		28		49	
8		29		50	
9		30		51	
10		31		52	
11		32		53	
12		33		54	
13		34		55	
14		35		56	
15		36		57	
16		37		58	
17		38		59	
18		39		60	
19		40			
20		41			

4.10.6　注意事项

(1) 集成元件的电源极性不能接错。
(2) 各集成元件的输出端不得接+5V 或地端，也不能接电平和触发方式。

4.10.7 实验报告要求

整理实验结果。

4.11 移位寄存器及其应用

4.11.1 实验目的

(1) 掌握中规模 4 位双向移位寄存器逻辑功能及使用方法。
(2) 熟悉移位寄存器的应用——实现数据的串行、并行转换和构成环形计数器。

4.11.2 实验预习要求

(1) 复习移位寄存器的相关内容。
(2) 复习集成 D 触发器 74LS74 和集成移位寄存器 74LS194 的管脚功能。
(3) 复习构成环形计数器的方法。

4.11.3 实验原理

移位寄存器是一个具有移位功能的寄存器，是指寄存器中所存的代码能够在移位脉冲的作用下依次左移或右移。既能左移又能右移的称为双向移位寄存器，只需要改变左、右移的控制信号便可实现双向移位要求。根据移位寄存器存取信息的方式不同分为：串入串出、串入并出、并入串出、并入并出四种形式。

1. 用触发器构成移位寄存器

将若干个触发器串联起来，就可以构成一个移位寄存器。图 4.11.1 是由四个 D 触发器构成的 4 位移位寄存器逻辑电路图，数据从串行输入端 D_1 输入。左边触发器的输出作为右邻触发器的数据输入，它既可以并行输出也可以串行输出。

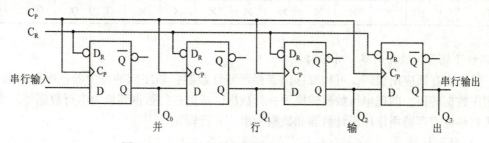

图 4.11.1 用边沿触发器构成的 4 位移位寄存器

2. 中规模集成移位寄存器

本实验选用的 4 位双向通用移位寄存器，型号为 CC40194 或 74LS194，两者功能相同，可互换使用，其逻辑符号及引脚排列如图 4.11.2 所示。

其中 D_0、D_1、D_2、D_3 为并行输入端；Q_0、Q_1、Q_2、Q_3 为并行输出端；SR 为右移串行输入端，SL 为左移串行输入端；S_1、S_0 为操作模式控制端；$\overline{C_R}$ 为直接无条件清零端；

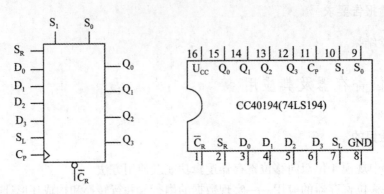

图 4.11.2　74LS194 逻辑符号及引脚功能

CP 为时钟脉冲输入端。

CC40194 有 5 种不同操作模式：即并行送数寄存，右移（方向由 $Q_0 \to Q_3$），左移（方向由 $Q_3 \to Q_0$），保持及清零。

CC40194 的逻辑功能如表 4.11.1 所示。

表 4.11.1　　　　　　　　　　　　CC40194 逻辑功能表

功能	输入									输出			
	C_P	C_R	S_1	S_0	S_R	S_L	D_0	D_1	D_2	D_3	Q_0	Q_1	Q_2	Q_3
清除	×	0	×	×	×	×	×	×	×	×	0	0	0	0
送数	↑	1	1	1	×	×	a	b	c	d	a	b	c	d
右移	↑	1	0	1	DSR	×	×	×	×	×	DSR	Q_0	Q_1	Q_2
左移	↑	1	1	0	×	DSL	×	×	×	×	Q_1	Q_2	Q_3	DSL
保持	↑	1	0	0	×	×	×	×	×	×	Q_0^n	Q_1^n	Q_2^n	Q_3^n
保持	↑	1	×	×	×	×	×	×	×	×	Q_0^n	Q_1^n	Q_2^n	Q_3^n

3. 环形计数器和数据的串、并行转换

移位寄存器应用很广，可构成移位寄存器型计数器；顺序脉冲发生器；串行累加器；可用作数据转换，即把串行数据转换为并行数据，或把并行数据转换为串行数据等。本实验研究移位寄存器用作环形计数器和数据的串、并行转换。

(1) 环形计数器。

把移位寄存器的输出反馈到它的串行输入端，就可以进行循环移位，如图 4.11.3 所示，把输出端 Q_3 和右移串行输入端 SR 相连接，设初始状态 $Q_0 Q_1 Q_2 Q_3 = 1000$，则在时钟脉冲作用下 $Q_0 Q_1 Q_2 Q_3$ 将依次变为 0100→0010→0001→1000→⋯，如表 4.11.2 所示。可见它是一个具有四个有效状态的计数器，这种类型的计数器通常称为环形计数器。图 4.11.3 所示电路可以由各个输出端输出在时间上有先后顺序的脉冲，因此也可作为顺序脉冲发生器。

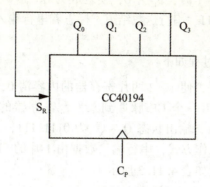

图 4.11.3 环形计数器

表 4.11.2 环形计数器逻辑功能表

C_P	Q_0	Q_1	Q_2	Q_3
0	1	0	0	0
1	0	1	0	0
2	0	0	1	0
3	0	0	0	1

如果将输出 Q_0 与左移串行输入端 SL 相连接,即可达左移循环移位。

(2) 实现数据串、并行转换

① 串行/并行转换器。串行/并行转换器是指串行输入的数码,经转换电路之后变换成并行输出。图 4.11.4 是用两片 CC40194(74LS194) 四位双向移位寄存器组成的七位串/并行数据转换电路。

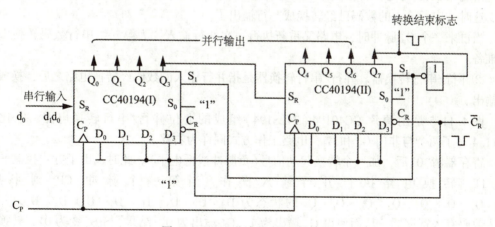

图 4.11.4 七位串行/并行转换器

电路中 S_0 端接高电平 1,S_1 受 Q_7 控制,两片寄存器连接成串行输入右移工作模式。

Q_7 是转换结束标志。当 $Q_7=1$ 时，S_1 为 0，使之成为 $S_1S_0=01$ 的串入右移工作方式，当 $Q_7=0$ 时，$S_1=1$，有 $S_1S_0=11$，串行送数结束，标志着串行输入的数据已转换成并行输出了。

串行/并行转换的具体过程如下：

转换前，$\overline{C_R}$ 端加低电平，使 1、2 两片寄存器的内容清 0，此时 $S_1S_0=11$，寄存器执行并行输入工作方式。当第一个 CP 脉冲到来后，寄存器的输入状态 $D_0D_1D_2D_3$（Ⅰ）～ $D_0D_1D_2D_3$（Ⅱ），为 01111111，输出状态 Q_0～Q_7 为 01111111，与此同时 S_1S_0 变为 01，转换电路变为执行串入右移工作方式，串行输入数据由 1 片的 SR 端加入。随着 CP 脉冲的依次加入，输出状态的变化如表 4.11.3 所示。

表 4.11.3   串行/并行转换过程表

CP	Q_0	Q_1	Q_2	Q_3	Q_4	Q_5	Q_6	Q_7	说明
0	0	0	0	0	0	0	0	0	清零
1	0	1	1	1	1	1	1	1	送数
2	d_0	0	1	1	1	1	1	1	右移操作七次
3	d_1	d_0	0	1	1	1	1	1	
4	d_2	d_1	d_0	0	1	1	1	1	
5	d_3	d_2	d_1	d_0	0	1	1	1	
6	d_4	d_3	d_2	d_1	d_0	0	1	1	
7	d_5	d_4	d_3	d_2	d_1	d_0	0	1	
8	d_6	d_5	d_4	d_3	d_2	d_1	d_0	0	
9	0	1	1	1	1	1	1	1	送数

由表 4.11.3 可见，右移操作 7 次之后，Q_7 变为 0，S_1S_2 又变为 11，说明串行输入结束。这时，串行输入的数码已经转换成并行输出了。

当再来一个 C_P 脉冲时，电路又重新执行一次并行输入，为第二组串行数码转换做好了准备。

②并行/串行转换器。并行/串行转换器是指并行输入的数码经转换电路之后，换成串行输出。

图 4.11.5 是用两片 CC40194（74LS194）组成的七位并行/串行转换电路，它比图 4.11.4 多了两个与非门 G_1 和 G_2，电路工作方式同样为右移。

寄存器清"0"后，加一个转换起动信号（负脉冲或低电平）。此时，由于方式控制 S_1S_0 为 11，转换电路执行并行输入操作。当第一个脉冲 CP 到来后，Q_0 Q_1 Q_2 Q_3 Q_4 Q_5 Q_6 Q_7 的状态为 D_0 D_1 D_2 D_3 D_4 D_5 D_6 D_7，并行输入数码存入寄存器。从而使得 G_1 输出为 1，G_2 输出为 0，结果，S_1S_0 变为 01，转换电路随着 CP 脉冲的加入，开始执行右移串行输出，随着 CP 脉冲的依次加入，输出状态依次右移，待右移操作七次后，Q_0～Q_6 的状态都为高电平 1，与非门 G_1 输出为低电平，G_2 门输出为高电平，S_1S_0 又变为 11，表示并/串转换结束，且为第二次并行输入创造了条

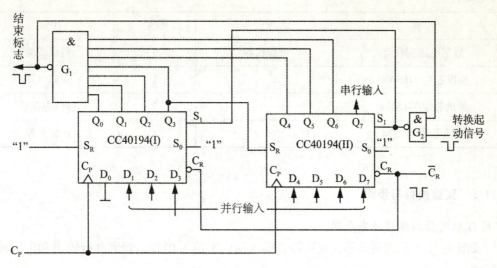

图 4.11.5 七位并行/串行转换器

件。

转换过程如表 4.11.4 所示。

表 4.11.4　　　　　　　　　并行/串行转换过程表

CP	Q_0	Q_1	Q_2	Q_3	Q_4	Q_5	Q_6	Q_7	串	行	输	出		
0	0	0	0	0	0	0	0	0						
1	0	D_1	D_2	D_3	D_4	D_5	D_6	D_7						
2	1	0	D1	D2	D3	D4	D5	D6	D7					
3	1	1	0	D1	D2	D3	D4	D5	D6	D7				
4	1	1	1	0	D1	D2	D3	D4	D5	D6	D7			
5	1	1	1	1	0	D1	D2	D3	D4	D5	D6	D7		
6	1	1	1	1	1	0	D1	D2	D3	D4	D5	D6	D7	
7	1	1	1	1	1	1	0	D1	D2	D3	D4	D5	D6	D7
8	1	1	1	1	1	1	1	0	D1	D2	D3	D4	D5	D6	D7
9	0	D1	D2	D3	D4	D5	D6	D7						

中规模集成移位寄存器，其位数往往以四位居多，当需要的位数多于四位时，可把几片移位寄存器用级连的方法来扩展位数。

4.11.4 实验仪器设备

如表 4.11.5 所示。

表 4.11.5

名 称	参考型号	数量	用途
数字电路实验箱	天煌仪器	1	提供线路
集成芯片 74LS00P		1	与非门
集成芯片 74LS194		2	移位寄存器
集成芯片 74LS74		1	D 触发器

4.11.5 实验内容与步骤

1. 用 D 触发器构成移位寄存器

按图 4.11.1 接线构成移位寄存器，输入端依次输入 0110，观察并行输出和串行输出的区别。

2. 测试 CC40194(或 74LS194)的逻辑功能

按图 4.11.2 接线，$\overline{C_R}$、S_1、S_0、S_L、S_R、D_0、D_1、D_2、D_3 分别接至逻辑电平开关的输出插口；Q_0、Q_1、Q_2、Q_3 接至逻辑电平显示输入插口，C_P 端接单次脉冲源，按表 4.11.5 所示的输入状态，逐项进行测试。

(1)清除：令 $\overline{C_R}=0$，其他输入均为任意态，这时寄存器输出 Q_0、Q_1、Q_2、Q_3 应均为 0。消除后，置 $\overline{C_R}=1$。

(2)送数：令 $\overline{C_R}=S_1=S_0=1$，送入任意 4 位二进制数，CP 加脉冲，观察 CP=0、CP 由 0→1、CP 由 1→0 三种情况下寄存器输出状态的变化，观察寄存器输出状态变化是否发生在 CP 脉冲的上升沿。

(3)右移：清零后，令 $\overline{C_R}=1$，$S_1=0$，$S_0=1$，由右移输入端 SR 依次送入二进制数码如 0100，并相应由 CP 端加 4 个脉冲，观察输出情况，记录之。

(4)左移：先清零，再令 $\overline{C_R}=1$，$S_1=1$、$S_0=0$，由左移输入端 SL 依次送入二进制数码如 1111，并相应加四个 CP 脉冲，观察输出端情况，记录之。

(5)保持：寄存器预置任意 4 位二进制数码，令 $\overline{C_R}=1$，$S_1=S_0=0$，加 CP 脉冲，观察寄存器输出状态，记录之。

3. 环形计数器

在图 4.11.3 所示的情况下，将 Q3 接至 $\overline{C_R}$，用并行送数法预置寄存器为某二进制数码(如 0100)，然后进行右移循环，观察寄存器输出端状态的变化，记入表 4.11.6 中。

4. 实现数据的串、并行转换

(1)串行输入、并行输出。

按图 4.11.4 接线，进行右移串入、并出实验，串入数码自定，按表 4.11.6 的表格及项目做实验并记录之。

表 4.11.6　　CC40194 逻辑功能测试表

清除	模式		时钟	串行		输入				输出				功能总结
C_R	S_1	S_0	C_P	S_L	S_R	D_0	D_1	D_2	D_3	Q_0	Q_1	Q_2	Q_3	
0	×	×	×	×	×	×	×	×	×					
1	1	1	↑	×	×									
1	0	1	↑	×	0	×	×	×	×					
1	0	1	↑	×	1	×	×	×	×					
1	0	1	↑	×	0	×	×	×	×					
1	0	1	↑	×	0	×	×	×	×					
1	1	0	↑	1	×	×	×	×	×					
1	1	0	↑	1	×	×	×	×	×					
1	1	0	↑	1	×	×	×	×	×					
1	1	0	↑	1	×	×	×	×	×					
1	0	0	↑	×	×									

(2)并行输入、串行输出。

按图 4.11.5 接线,进行右移并入、串出实验,并入数码自定,按表 4.11.7 的表格及项目作实验并记录之。

表 4.11.7　　环形计数器逻辑功能测试表

CP	Q_0	Q_1	Q_2	Q_3
0	0	1	0	1
1				
2				
3				
4				

4.11.6　注意事项

(1)集成元件的电源极性不能接错。

(2)各集成元件的输出端不得接+5V 或地端,也不能接电平和触发方式。

4.11.7　实验报告要求

整理实验结果。

4.12　脉冲分配器及其应用

4.12.1　实验目的

(1)熟悉集成时序脉冲分配器的使用方法及其应用。

(2)学习步进电动机的环形脉冲分配器的组成方法。

4.12.2 实验预习要求

(1)复习有关脉冲分配器的原理。

(2)按实验任务要求,设计实验线路,并拟定实验方案及步骤。

4.12.3 实验原理

脉冲分配器的作用是产生多路顺序脉冲信号,它可以由计数器和译码器组成,也可以由环形计数器构成,图中 CP 端上的系列脉冲经 N 位二进制计数器和相应的译码器,可以转变为 2^N 路顺序输出脉冲。

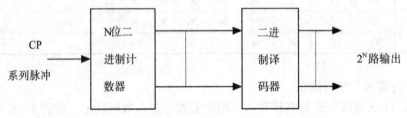

图 4.12.1 脉冲分配器的组成

1. 集成时序脉冲分配器 CC4017

CC4017 是按 BCD 计数/时序译码器组成的分配器。

其逻辑符号及引脚功能如图 4.12.2 所示,功能如表 4.12.1 所示。

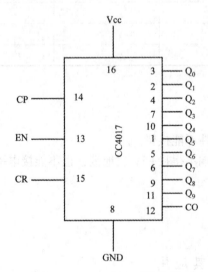

图 4.12.2 CC4017 逻辑符号

表 4.12.1　　　　　　　　　　**CC4017 功能表**

输入			输出	
C_P	E_N	C_R	$Q_0 \sim Q_9$	CO
×	×	1	Q_0	计数脉冲为 $Q_0 \sim Q_4$ $CO = 1$
↑	0	0	计数	
1	↓	0	计数	
0	×	0	保持	计数脉冲为 $Q_5 \sim Q_9$ $CO = 0$
×	1	0	保持	
↓	×	0	保持	
×	↑	0	保持	

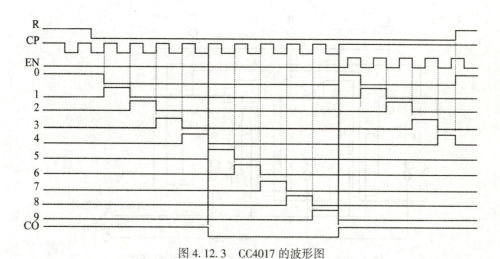

图 4.12.3　CC4017 的波形图

CC4017 应用十分广泛，可用于十进制计数，分频，1/N 计数（N = 2～10 只需用一块，N>10 可用多块器件级连）。图 4.12.4 所示为由两片 CC4017 组成的 60 分频的电路。

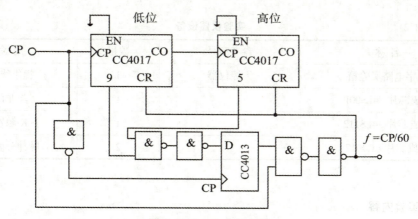

图 4.12.4　60 分频电路

2. 脉冲分配电路的设计

用 A、B、C 分别表示步进电机的三相绕组,步进电机按三组六拍方式运行,即要求步进电机正转时,控制端 X=1,使电机绕组的通电顺序为:

$$A—AB—B—BC—C—CA$$

要求步进电机反转时,令控制端 X=0,三相绕组的通电顺序改为:

$$A—AC—C—BC—B—AB$$

如图 4.12.5 所示,由三个 JK 触发器构成的按六拍通电方式的脉冲环形分配器,供参考,要使步进电机反转,通常应加有正转脉冲输入控制和反转脉冲输入控制端。此外,由于步进电机三相绕组任何时刻都不得出现 A、B、C 三相同时通电或同时断电的情况,所以,脉冲分配器的三路输出不允许出现 111 和 000 两种状态,为此,可以给电路加初态预置环节。

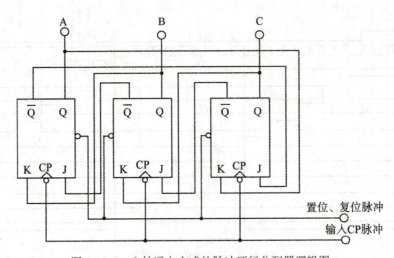

图 4.12.5 六拍通电方式的脉冲环行分配器逻辑图

4.12.4 实验仪器设备

表 4.12.2 　　　　　　　　　实验仪器设备

名　称	参考型号	数量	用　途
数字电路实验箱	天煌仪器	1	提供线路
集成芯片 74LS00P		1	与非门
集成芯片 74LS112		1	J-K 触发器
集成芯片 CC4017		2	脉冲分配器

4.12.5 实验内容

(1) CC4017 逻辑功能测试。参照图 4.12.4,EN、CR 接逻辑开关的输出插口。CP 接单次脉冲源，0~9十个输出端接至逻辑电平显示输入插口，按功能表要求操作各逻辑开关。清零后，连续送出10个脉冲信号，观察十个发光二极管的显示状态，并列表记录。

CP改接为1Hz连续脉冲，观察记录输出状态。

（2）验证正确性按图4.12.4线路接线，自拟实验方案验证60分频电路的正确性。

（3）三相六拍环形分配器线路参照图4.12.5所示的线路，设计一个用环形分配器构成的驱动三相步进电动机可逆运行的三相六拍环形分配器线路。要求：

环形分配器用74LS112双J-K触发器组成。

由于电动机三相绕组在任何时刻都不应出现同时通电同时断电的情况，在设计中要做到这一点。

电路安装好后，先用手控送入CP脉冲进行调试，然后加入系列脉冲进行动态实验。

整理数据，分析实验中出现的问题，做出实验报告。

4.12.6 注意事项

（1）集成元件的电源极性不能接错。
（2）各集成元件的输出端不得接+5V或地端，也不能接电平和触发方式。

4.12.7 实验报告要求

整理实验结果。

4.13 多谐振荡器

4.13.1 实验目的

（1）掌握使用门电路构成脉冲信号产生电路的基本方法。
（2）掌握影响输出脉冲波形参数的定时元件数值的计算方法。
（3）学习石英晶体稳频原理和使用石英晶体构成振荡器的方法。

4.13.2 实验预习要求

复习自激多谐振荡器的工作原理。

4.13.3 实验原理

与非门作为一个开关倒相器件，可用以构成各种脉冲波形的产生电路。电路的基本工作原理是利用电容器的充放电，当输入电压达到与非门的阈值电压 V_r 时，门的输出状态即发生变化。因此，电路输出的脉冲波形参数直接取决于电路中阻容元件的数值。

1. 非对称型多谐振荡器

如图4.13.1所示，与非门3用于输出波形整形。

非对称型多谐振荡器的输出波形是不对称的，当用TTL与非门组成时，输出脉冲宽度

$$t_{w1} = RC \qquad t_{w2} = 1.2RC \qquad T = 2.2RC$$

调节 R 和 C 的值，可改变输出信号的振荡频率，通常用改变 C 实现输出频率的粗调，改变电位器 R 实现输出频率的细调。

2. 对称型多谐振荡器

如图 4.13.2 所示，由于电路完全对称，电容器的充放电时间常数相同，故输出为对称的方波。改变 R 和 C 的值，可以改变输出振荡频率。与非门 3 用于输出波形整形。

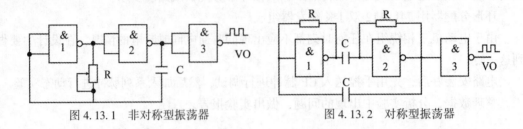

图 4.13.1　非对称型振荡器　　　　　图 4.13.2　对称型振荡器

一般取 R≤1kΩ，当 R=1kΩ，C=100pf~100μF 时，f=nHz~nMHz，一般取脉冲宽度 t_{w1} = t_{w2} = 0.7RC，T = 1.4RC。

3. 带 RC 电路的环形振荡器

电路如图 4.13.3 所示，与非门 4 用于输出波形整形，R 为限流电阻，一般取 100Ω，电位器要求 R_w≤1kΩ。电路利用电容 C 的充放电过程，控制 D 点电压 V_D，从而控制与非门的自动启闭，形成多谐振荡，电容 C 的充电时间 t_{w1}、放电时间 t_{w2} 和总的振荡周期 T 分别为

$$t_{w1} \approx 0.94RC \quad t_{w2} \approx 0.26RC \quad T \approx 2.2RC$$

调节 R 和 C 的大小可改变电路输出的振荡频率。

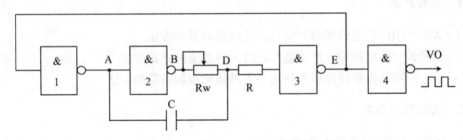

图 4.13.3　带有 RC 电路的环形振荡器

以上这些电路的状态转换都发生在与非门输入电平达到门的阈值电平 V_r 的时刻。在 V_r 附近电容器的充放电速度已经缓慢，而且 V_r 本身也不够稳定，易受温度、电源电压变化等因素以及干扰的影响。因此，电路输出频率的稳定性较差。

4. 石英晶体稳频的多谐振荡器

当要求多谐振荡器的工作频率稳定性很高时，上述几种多谐振荡器的精度已不能满足要求。为此常用石英晶体作为信号频率的基准。用石英晶体与门电路构成的多谐振荡器常用来为微型计算机提供时钟信号。

图 4.13.4 所示为常用的晶体稳频多谐振荡器。A，B 为 TTL 器件组成的晶体振荡电路；C，D 为 CMOS 器件组成的晶体振荡电路，一般用于电子表中，其中晶体的 f_0 =

32768Hz。

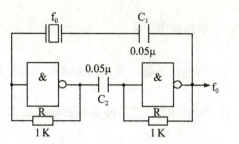

图 4.13.4　f_0 = 几赫兹至几十兆赫兹

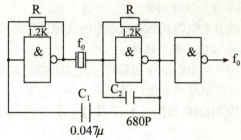

图 4.13.5　f_0 = 100kHz(5kHz～30mHz)

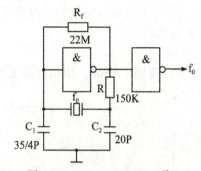

图 4.13.6　f_0 = 32768Hz = 2^{15}Hz

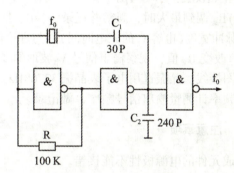

图 4.13.7　f_0 = 32768Hz

图中，C_1 用于振荡，C_2 用于缓冲整形。R_f 是反馈电阻，通常在几十兆欧之间选取，一般选 22MΩ。R 起稳定振荡作用，通常取十至几百千欧。C_1 是频率微调电容器，C_2 用于温度特性校正。

4.13.4　实验仪器设备

表 4.13.1　　　　　　　　　　实验仪器设备

名　称	参考型号	数量	用途
数字电路实验箱	天煌仪器	1	提供线路
双踪示波器	普源 DS1052E	1	观察波形
数字频率计		1	测量频率
晶振 32768Hz		1	
集成芯片 74LS00P		1	与非门

4.13.5　实验内容

用与非门 74LS00 按图 4.13.1 所示构成多谐振荡器，其中 R 为 10kΩ 电位器，C 为 0.01μF。

1. 观察记录

用示波器观察输出波形及电容 C 两端的电压波形,列表记录之。

2. 调节电位器与测频

调节电位器观察输出波形的变化,R_f 测出上、下限频率。

3. 接电容器并观察记录

用一只 100μF 电容器跨接在 74LS00 14 脚与 7 脚的最近处,观察输出波形的变化及电源上纹波信号的变化,做记录。

用 74LS00 按图 4.13.2 接线,取 R = 1kΩ,C = 0.047μF,用示波器观察输出波形,做记录。

用 74LS00 按图 4.13.3 接线,其中定时电阻 R_w 用一个 510Ω 与一个 1kΩ 的电位器串联,取 R = 100Ω,C = 0.1μF。

(1) R_w 调到最大时,观察并记录 A、B、D、E 及 V_0 个点电压的波形,测出 V_0 的周期 T 和负脉冲宽度(电容 C 的充电时间)并与理论计算值比较。

(2) 改变 R_w 值,观察输出信号 V_0 波形的变化情况。

按图接线,晶振选用电子表晶振 32768Hz,与非门选用 74LS00,用示波器观测输出波形,用频率计测量输出信号频率,做记录。

4.13.6 注意事项

集成元件的电源极性不能接错。

4.13.7 实验报告

(1) 画好实验电路,整理实验数据与理论值进行比较。
(2) 画出实验中观测到的波形图,对实验结果进行分析。

4.14 单稳态触发器与施密特触发器
——脉冲延时与波形整形电路

4.14.1 实验目的

(1) 掌握使用集成门电路构成单稳态触发器的基本方法。
(2) 熟悉集成单稳态触发器的逻辑功能及其使用方法。
(3) 熟悉集成施密特触发器的性能及其应用。

4.14.2 实验预习要求

(1) 复习有关单稳态触发器和施密特触发器的内容。
(2) 画出实验用的详细线路图。
(3) 拟定各次实验的方法、步骤。
(4) 拟好记录实验结果所需的数据、表格等。

4.14.3 实验原理

在数字电路中常使用矩形脉冲作为信号,进行信息传递,或作为时钟信号用来控制和驱动电路，使各部分协调动作，一类是自激多谐振荡器，它是不需要外加信号触发的矩形波发生器。另一类是它激多谐振荡器，它需要在外加触发信号的作用下输出具有一定宽度的矩形脉冲波；施密特触发器（整形电路），它对外加输入的正弦波等波形进行整形，使电路输出矩形脉冲波。

1. 用与非门组成单稳态触发器

利用与非门作开关，依靠定时元件 RC 电路的充放电来控制与非门的启闭。

单稳态电路有微分型与积分型两大类，这两类触发器对触发脉冲的极性与宽度有不同的要求。

(1) 微分型单稳态触发器。

如图 4.14.1 所示，该电路为负脉冲触发器。其中 R_P、C_P 构成输入端微分隔直电路。R、C 构成微分定时电路，定时元件 R、C 的取值不同，输出脉宽 t_w 也不同。$T_W \approx (0.7 \sim 1.3) RC$。与非门 G_3，整形、倒相作用。

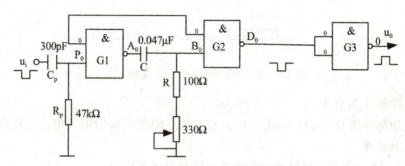

图 4.14.1 微分型单稳态触发器

图 4.14.2 为微分型单稳态触发器各点波形图，结合波形图说明其工作原理。

①无外界触发脉冲时电路初稳态（$t<t_1$ 前状态）。

稳态时 u_i 为高电平，适当选择电阻 R_P 阻值，使与非门 G_2 输入电压 u_B 小于门的关门电平（$u_B<U_{OFF}$），则门 G_2 关闭，输出 u_D 为高电平。适当选择电阻 R_P 阻值，使与非门 G_1 的输入电压 u_P 大于门的开门电平（$u_P>U_{ON}$），于是 G_1 的两个输入端全为高电平，则 G_1 开启，输出 u_A 为低电平（为方便计，取 $v_{off}=v_{on}=U_T$）。

②触发翻转（$t=t_1$ 时刻）。

u_i 负跳变，u_P 也负跳变，门 G_1 输出 u_A 升高，经电容 C 耦合，u_B 也升高，门 G_2 输出 u_D 降低，正反馈到 G_1 输入端，结果使 G_1 输出 u_A 由低电平迅速上跳至高电平，G_1 迅速关闭；v_b 也上跳至高电平，G_2 输出 v_d 则迅速下跳至低电平，G_2 迅速开通。

③暂稳状态（$t_1<t<t_2$）。

$t \geq t_1$ 以后，G_1 输出高电平，对电容 C 充电，u_B 随之按指数规律下降，但只要 $u_B>U_T$，G_1 关、G_2 开的状态将维持不变，u_A、u_D 也维持不变。

④自动翻转（$t=t_2$）。

$t=t_2$ 时刻，u_B 下降至门的关门电平 U_T，G_2 输出 u_D 升高，G_1 输出 u_A 降低，正反馈作用使电路迅速翻转至 G_1 开启，G_2 关闭的初始稳态。

暂稳态时间的长短，决定于电容 C 充电时间常数 $\tau = RC$。

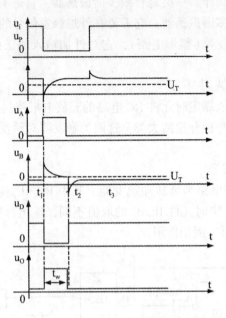

图 4.14.2 微分型单稳态触发器波形图

⑤恢复过程($t_2 < t < t_3$)。

电路自动翻转到 G_1 开启，G_2 关闭后，u_B 不是立即回到初始稳态值，这是因为电容 C 要有一个放电过程。

$t > t_3$ 以后，如 u_i 再出现负跳变，则电路将重复上述过程。

如果输入脉冲宽度较小时，则输入端可省去 R_P，C_P 微分电路了。

(2) 积分型单稳态触发器。

如图 4.14.4 所示，电路采用正脉冲触发，工作波形如图 4.14.3 所示。电路的稳定条件是 $R \leq 1 k\Omega$，输出脉冲宽度 $t_w \approx 1.1 RC$。

单稳态触发器共同特点是：触发脉冲未加入前，电路处于稳态。此时，可以测得各门的输入和输出电位。触发脉冲加入后，电路立刻进入暂稳态，暂稳态的时间，即输出脉冲的宽度 TW 只取决于 RC 数值的大小，与触发脉冲无关。

2. 用与非门组成施密特触发器

施密特触发器能对正弦波、三角波等信号进行整形，并输出矩形波，图 4.14.5(a)、(b) 是两种典型的电路。图 4.14.5(a) 中，门 G_1、G_2 是基本 RS 触发器，门 G_3 是反相器，二极管 D 起电平偏移作用，以产生回差电压，其工作情况如下：设 $u_i = 0$，G_3 截止，$R = 1$、$S = 0$、$Q = 1$、$\bar{Q} = 0$，电路处于原态。u_i 由 0V 上升到电路的接通电位 u_i 时，G_3 导通，$R = 0$，$S = 1$，触发器翻转为 $Q = 0$，$\bar{Q} = 1$ 的新状态。以后 u_i 继续上升，电路状态不变。当 $u_i \leq U_T$ 时，G_3 由导通变为截止，而 $u_S = U_T + U_D$ 为高电平，因而 $R = 1$，$S = 1$，触发状态仍保持。只有 u_i 降至使 $u_S = U_T$ 时，电路才翻回到 $Q = 1$，$\bar{Q} = 0$ 的原态。电路的回差 $\Delta U = u_D$。

图 4.14.5(b) 是由电阻 R_1、R_2 产生回差的电路。

3. 集成双单稳态触发器 CC14528(CC4098)

图 4.14.6 为 CC14528(CC4098) 的逻辑符号及功能表该器件能提供稳定的单脉冲，脉

4.14 单稳态触发器与施密特触发器

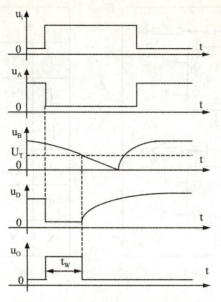

图 4.14.3 积分单稳态触发器波形图

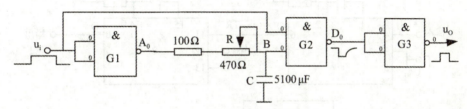

图 4.14.4 积分单稳态触发器

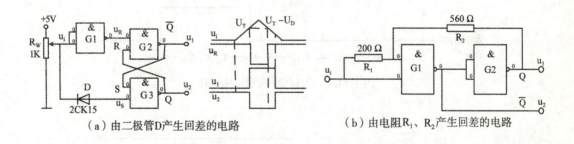

（a）由二极管 D 产生回差的电路　　　　　（b）由电阻 R_1、R_2 产生回差的电路

图 4.14.5 与非门组成施密特触发器

宽由外部电阻 R_X 和外部电容 C_X 决定，调整 R_X 和 C_X 可使 Q 端和 $\overline{Q}$ 端输出脉冲宽度有一个较宽的范围。本器件可采用上升沿触发（+TR）也可用下降沿触发（-TR），为采用上升沿触发时，为防止重复触发，$\overline{Q}$ 必须连到（-TR）端。同样，在使用下降沿触发时，Q 端必须连到（+TR）端。

该单稳态触发器的时间周期约为 $T_X = R_X C_X$。所有的输出级都有缓冲级，以提供较大的驱动电流。

应用举例：CC14528 可实现脉冲延迟和多谐振荡器，分别如图 4.14.7 及图 4.14.8 所示。

203

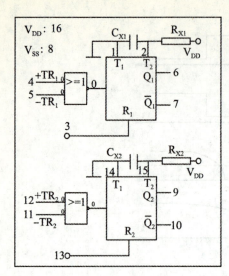

图 4.14.6　CC14528 的逻辑符号及功能表

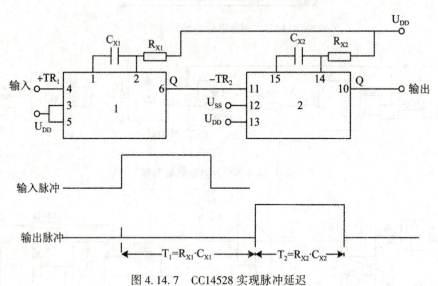

图 4.14.7　CC14528 实现脉冲延迟

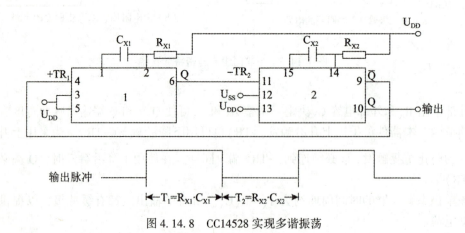

图 4.14.8　CC14528 实现多谐振荡

4. 集成六施密特触发器 CC40106

如图 4.14.9 为其逻辑符号及引脚功能，它可用于波形的整形，也可作反相器或构成单稳态触发器和多谐振荡器。

（1）将正弦波转换为方波，如图 4.14.10 所示。

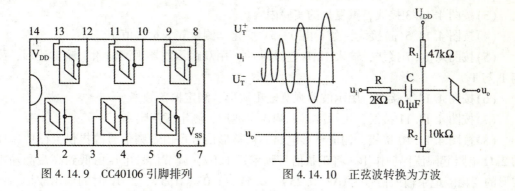

图 4.14.9　CC40106 引脚排列

图 4.14.10　正弦波转换为方波

（2）构成多谐振荡器，如图 4.14.11 所示。
（3）构成单稳态触发器。
图 4.14.12(a) 为下降沿触发；图 4.14.12(b) 为上升沿触发。

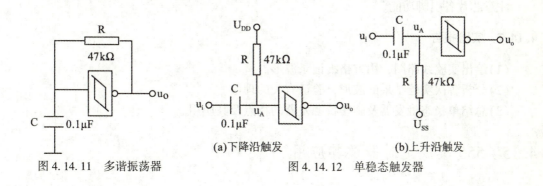

图 4.14.11　多谐振荡器

图 4.14.12　单稳态触发器

4.14.4　实验设备与器件

表 4.14.1　　　　　　　　　　　实验设备与器件

名　称	参考型号	数量	用　途
数字电路实验箱	天煌仪器	1	提供线路
集成芯片 74L14528		2	与非门
集成芯片 CC401		1	J-K 触发器
集成芯片 CC40106		1	D 触发器
示波器	普源 DS1052E	1	观察波形

4.14.5 实验内容与步骤

(1) 按图 4.14.1 接线,输入 1KH$_z$ 连续脉冲,用双踪示波器观测 u_i、u_P、u_A、u_B、u_D 及 u_0 的波形,做记录。

(2) 改变 C 或 R 之值,重复实验 1 的内容。

(3) 按图 4.14.3 接线,重复 1 的实验内容。

(4) 按图 4.14.5(a) 接线,令 u_i 由 0→5V 变化,测量 u_1、u_2 之值。

(5) 按图 4.14.7 接线,输入 1kHz 连续脉冲,用双踪示波器观测输入、输出波形,测定 T_1 与 T_2。

(6) 按图 4.14.8 接线,用示波器观测输出波形,测定振荡频率。

(7) 按图 4.14.11 接线,用示波器观测输出波形,测定振荡频率。

(8) 按图 4.14.10 接线,构成整形电路,被整形信号可由音频信号源提供,图中串联的 2kΩ 电阻起限流保护作用。将正弦信号频率置 1kHz,调节信号电压由低到高观测输出波形的变化。记录输入信号为 0V,0.25V,0.5V,1.0V,1.5V,2.0V 时的输出波形,作记录。

(9) 分别按图 4.14.12(a)、(b) 接线,进行实验。

4.14.6 注意事项

注意芯片各引脚功能。

4.14.7 实验报告

(1) 绘出实验线路图,用方格纸记录波形。

(2) 分析各次实验结果的波形,验证有关的理论。

(3) 总结单稳态触发器及施密特触发器的特点及其应用。

4.15 555 集成定时器及其应用

4.15.1 实验目的

(1) 熟悉 555 型集成定时器的组成及工作原理。

(2) 掌握 555 定时器电路的基本应用。

4.15.2 实验预习要求

(1) 复习 555 集成定时器的工作原理。

(2) 复习单稳触发器,多谐振荡器和施密特触发器的工作原理。

4.15.3 实验原理

1. 555 定时器的工作原理

555 定时器是一种数字与模拟混合型的中规模集成电路,应用广泛。外加电阻、电容等元件可以构成多谐振荡器、单稳电路、施密特触发器等。

555定时器原理图及引线排列如图4.15.1所示。其功能见表4.15.1。定时器内部由比较器、分压电路、RS触发器及放电三极管等组成。分压电路由三个5K的电阻构成,分别给A1和A2提供参考电平$2/3V_{CC}$和$1/3V_{CC}$。A1和A2的输出端控制RS触发器状态和放电管开关状态。当输入信号自6脚输入大于$2/3V_{CC}$时,触发器复位,3脚输出为低电平,放电管T导通;当输入信号自2脚输入并低于$1/3V_{CC}$时,触发器置位,3脚输出高电平,放电管截止。4脚是复位端,当4脚接入低电平时,则$V_0=0$;正常工作时4接为高电平。5脚为控制端,平时输入$2/3V_{CC}$作为比较器的参考电平,当5脚外接一个输入电压,即改变了比较器的参考电平,从而实现对输出的另一种控制。如果不在5脚外加电压通常接$0.01\mu F$电容到地,起滤波作用,以消除外来的干扰,确保参考电平的稳定。

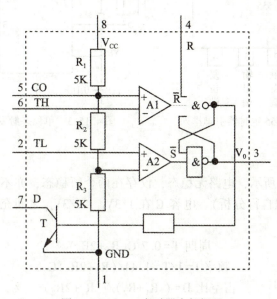

图4.15.1 555定时器内部框图

表4.15.1　　　　　　　　　　555定时器的功能表

输入			输出	
阈值输入⑥	触发输入②	复位④	输出③	放电管T⑦
X	X	0	0	导通
$<2/3V_{CC}$	$<1/3V_{CC}$	1	1	截止
$>2/3V_{CC}$	$>1/3V_{CC}$	1	0	导通
$<2/3V_{CC}$	$>1/3V_{CC}$	1	不变	不变

2. 典型应用

(1)构成单稳态触发器。

电路如图4.15.2所示,接通电源→电容C充电(至2/3VCC)→RS触发器置0→$V_0=0$,T导通,C放电,此时电路处于稳定状态。当2加入$V_I<1/3VCC$时,RS触发器置1,输出$V_0=1$,使T截止。电容C开始充电,按指数规律上升,当电容C充电到2/3VCC

时，A_1 翻转，使输出 $V_0=0$。此时 T 又重新导通，C 很快放电，暂稳态结束，恢复稳态，为下一个触发脉冲的到来做好准备。其中输出 V_0 脉冲的持续时间 $t_w=1.1RC$，一般取 $R=1k\Omega \sim 10M\Omega$，$C>1000PF$，只要满足 V_1 的重复周期大于 t_{p_0}，电路即可工作，实现较精确的定时。

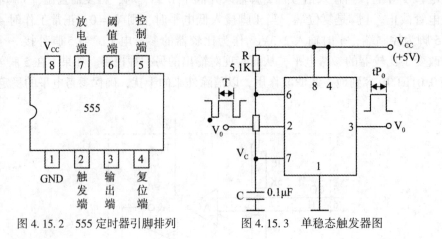

图 4.15.2　555 定时器引脚排列　　　　图 4.15.3　单稳态触发器图

(2) 多谐振荡器

电路如图 4.15.4 所示，电路无稳态，仅存在两个暂稳态，亦不需外加触发信号，即可产生振荡(振荡过程自行分析)。电容 C 在 $1/3V_{CC} \sim 2/3V_{CC}$ 之间充电和放电，输出信号的振荡参数为：

$$周期\ T=0.7C(R_1+2R_2)$$
$$频率\ f=1/T=1.44/(R_1+2R_2)C$$
$$占空比\ D=(R_1+R_2)/(R_1+2R_2)$$

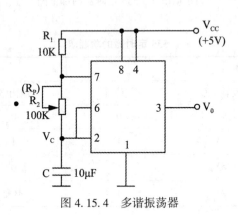

图 4.15.4　多谐振荡器

555 电路要求 R_1 与 R_2 均应大于或等于 $1k\Omega$，使 R1+R2 应小于或等于 $3.3M\Omega$。

(3) 密特触发器。

电路如图 4.15.4 所示。Vs 为正弦波，经 D 半波整流到 555 定时器的 2 脚和 6 脚，当 V_i 上升到 $2/3V_{CC}$ 时，V_0 从 1→0；V_i 下降到 $1/3V_{CC}$ 时，V_0 又从 0→1。电路的电压传输特性如图 4.15.5 所示。

回差电压：$\Delta V = 1/3 V_{CC}$。

4.15.4 实验仪器设备

表 4.15.2　　　　　　　　　　　实验仪器设备

名　称	参考型号	数量	用　途
数字电路实验箱	天煌仪器	1	提供线路
集成芯片 555	中策 DF1641B1	1	
信号发生器	CAI640-02	2	提供信号
双踪示波器	普源 DS1052E	1	观察波形

4.15.5 实验内容与步骤

1. 单稳态触发器

（1）按图 4.15.3 连接电路，取 $R = 100 k\Omega$，$C = 470 \mu F$，输出接 LED 指示器，V_i 用数字实验箱上的单次脉冲源，用示波器观察 V_i、V_c、V_0 波形。并测定幅度与暂稳时间（可用手表计时）。

（2）取 $R = 1 k\Omega$，$C = 0.1 \mu F$，输入 $f = 1 kHz$ 连续脉冲，用示波器观察 V_i、V_c、V_0，测定幅度及延时时间。

2. 多谐振荡器

按图 4.15.4 连接电路，用双踪示波器观察 V_c 和 V_0 波形，测定频率。

3. 施密特触发器

按图 4.15.5 接线，V_S 输入正弦波 1kHz，逐渐加大 VS 的幅度，观测输出波形，测绘电压传输特性，并算出回差电压 ΔV。如图 4.15.6 所示。

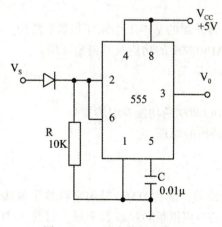

图 4.15.5　施密特触发器图

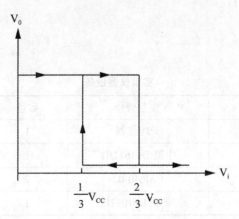

图 4.15.6 电压传输特性

4.15.6 实验报告

(1)根据实验内容,记录数据,画出波形。
(2)分析、总结实验结果。

4.15.7 思考题

(1)用两片 555 定时器构成变音信号发生器。
(2)根据图 4.15.4 电路,作适当变动之后成为一个占空比可调的多谐振荡器。
(3)利用 555 定时器组成的施密特触发器实现三角波变成方波。

4.16 D/A、A/D 转换器

4.16.1 实验目的

(1)了解 A/D 和 D/A 转换器的基本工作原理和基本结构。
(2)掌握 DAC0832 和 ADC0809 的功能及其典型应用。

4.16.2 实验预习要求

(1)了解 DAC0832、ADC0809 的功能及引脚排列。
(2)复习 A/D 和 D/A 转换的原理。

4.16.3 实验原理

数—模转换器(D/A 转换器,简称 DAC)是用来将数字量转换成模拟量;模数转换器(A/D 转换器、简称 ADC)是将模拟量转换成数字量。目前 A/D、D/A 转换器较多,本实验选用大规律集成电路,DAC0832 和 ADC0809 来分别实现 D/A 转换和 A/D 转换。

1. DAC0832 简介

DAC0832 是一个 8 位的 D/A 转换器,共内部框图如图 4.16.1 所示,由 8 位输入寄存器，8 位 DAC 寄存器，8 位 D/A 转换器及逻辑控制单元等功能电路构成。

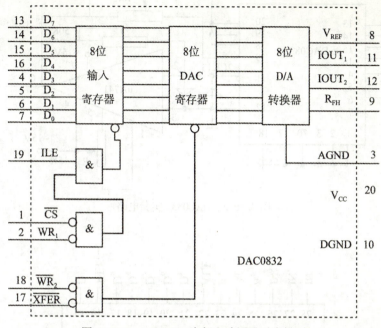

图 4.16.1　DAC0832 内部电路图及引脚排列

$D_0 \sim D_7$：数字信号输入端

ILE：输入寄存器允许，高电平有效

CS：片选信号，低电平有效

WR_1：写信号 1，低电平有效

XFER：传送控制信号，低电平有效

WR_2：写信号 2，低电平有效

I/OUT_1，I/OUT_2：DAC 电流输出端

RFB：反馈电阻，是集成在片内的外接运放的反馈电阻

V_{REF} 基准电压 ($-10 \sim +10$) V

VCC：电源电压 ($+5 \sim +15$) V

AGND 是模拟地，DGND 是数字地，两者可接在一起使用；

DAC0832 输出的是电流，要转换成电压，还必须外接运算放大器。D/A 转换实验电路如图 4.16.2 所示。

2. ADC0809 简介

ADC0809 是采用 CMOS 工艺制成的 8 位 8 通道逐次渐近型 A/D 转换器。其引脚排列如图 4.16.3 所示。

$IN_0 \sim IN_7$：8 路模拟信号输入端。

A_2、A_1、A_0：地址输入端。

ALE：地址锁存允许输入信号。

START：启动信号输入端。

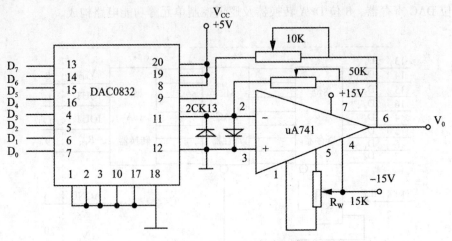

图 4.16.2　DAC0832 实验电路

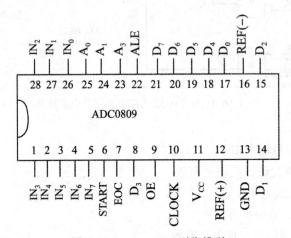

图 4.16.3　ADC0809 引脚排列

EOC：转换结束标志，高电平有效。

OE：输入允许信号，高电平有效。

CLOCK(cp)：时钟，外接时钟频率一般为 640kHz。

VCC：+5V 单电源供电。

VREF(+)、VREF(−)：基准电压，通常 VREF(+)接 15V、VREF(−)接 0V。

D0~D7：数字信号输出端。

地址线 A_0、A_1、A_2，分别对应 23 条输入线即对应 $IN_0 \sim IN_7$。

4.16.4　实验仪器设备

表 4.16.1　　　　　　　　　　实验仪器设备

名称	参考型号	数量	用途
数字电路实验箱	天煌仪器	1	提供线路

续表

名称	参考型号	数量	用途
DAC0832、ADC0809		1	与非门
双踪示波器	普源 DS1052E	2	移位寄存器
uA741 电阻、电容、电位器		1	D 触发器

4.16.5 实验内容及步骤

1. 按图 4.16.2 连接电路

 $D_0 \sim D_7$ 接数字实验箱上的电平开关的输出端。输出端 V_0 接数字电压表。

 (1)合 $D_0 \sim D_7$ 均为零。对 uA 741 调零，调节调零电位器，使 $V_0 = 0V0$。

 (2)在 $D_0 \sim D_7$ 输入端依次输入数字信号，用数字电压表测量输出电压 V_0，并列表记录。

2. 按图 4.16.3 连接电路 $D_7 \sim D_0$ 接 LED

 CP 由信号源提供 1kHz 的脉冲信号。A_0、A_1、A_2 接逻辑开关。

 (1)取 $R = 1k\Omega$ 用数字万用表测 $IN_0 \sim IN_7$ 端的电压值，是否为 (4.5V, 4V, …, 1V)。

 (2)依次设定 A_2、A_1、A_0，记录 $D_1 \sim D_7$，并填于表 4.16.2 中。

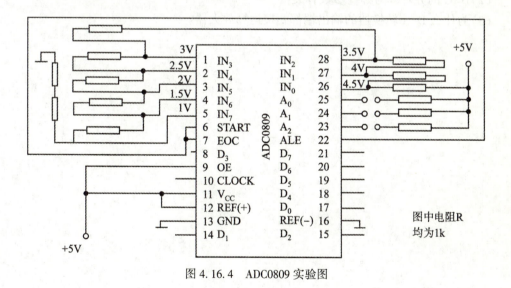

图 4.16.4 ADC0809 实验图

表 4.16.2

模拟通道	输入模拟量	地址	数字量输出							
IN	Ui(V)	$A_2 A_1 A_0$	D_7	D_6	D_5	D_4	D_3	D_2	D_1	D_0
IN_0	4.5	000								
IN_1	4.0	001								

续表

模拟通道	输入模拟量	地址	数字量输出					
IN_2	3.5	010						
IN_3	3.0	011						
IN_4	2.5	100						
IN_5	2.0	101						
IN_6	1.5	110						
IN_7	1.0	111						

4.16.6 实验报告

记录 D/A 转换器和 A/D 转换器实验中测试的数据，并与理论值比较，分析实验结果。

4.16.7 思考题

(1) 用 CC40161 和 DAC0832 构成阶梯波发生器。
(2) DAC 的分辨率与哪些参数有关？
(3) 为什么 D/A 转换器的输出端都要接运算放大器？

参 考 文 献

1. 王成安. 电子技术基本技能综合训练[M]. 北京：人民邮电出版社，2005.
2. 张博霞. 电子技术基础实验指导[M]. 北京：北京邮电大学出版社，2011.
3. 伍爱莲，万家佑. 电路与电子技术实验教程[M]. 武汉：华中科技大学出版社，2006.
4. 吴道悌，王建华. 电工实验(第2版)[M]. 北京：高等教育出版社，2001.
5. 康华光. 电子技术基础[M]. 北京：高等教育出版社，2000.
6. 阎石. 数字电子技术基础[M]. 北京：高等教育出版社，1998.
7. 吴兴华. 电工电子技术基础实验指导[M]. 天津：天津大学出版社，2016.
8. 刘传菊，肖明明. 电工与电子技术实验教程[M]. 中山：中山大学出版社，2009.

参考文献